黔东南民族建筑木结构

王展光　蔡　萍　主编

西南交通大学出版社
·成都·

图书在版编目（CIP）数据

黔东南民族建筑木结构/王展光，蔡萍主编. 一成
都：西南交通大学出版社，2019.11
ISBN 978-7-5643-7249-1

Ⅰ. ①黔… Ⅱ. ①王… ②蔡… Ⅲ. ①木结构–民族
建筑–研究–黔东南苗族侗族自治州 Ⅳ. ①TU-092.816

中国版本图书馆 CIP 数据核字（2019）第 272253 号

Qiandongnan Minzu Jianzhu Mujiegou
黔东南民族建筑木结构

王展光　蔡　萍　主编

责 任 编 辑	姜锡伟
助 理 编 辑	赵永铭
封 面 设 计	原谋书装

出 版 发 行	西南交通大学出版社 （四川省成都市金牛区二环路北一段 111 号 西南交通大学创新大厦 21 楼）
发 行 部 电 话	028-87600564　028-87600533
邮 政 编 码	610031
网　　　　址	http://www.xnjdcbs.com
印　　　　刷	成都中永印务有限责任公司
成 品 尺 寸	185 mm×260 mm
印　　　　张	16
字　　　　数	355 千
版　　　　次	2019 年 11 月第 1 版
印　　　　次	2019 年 11 月第 1 次
书　　　　号	ISBN 978-7-5643-7249-1
定　　　　价	48.00 元

　　黔东南苗族侗族自治州是全国人口最多的少数民族自治州，居住着苗、侗、汉等 33 个民族，少数民族人口占总人口的 80.3%，拥有全国 1/3 的苗族和一半的侗族人口。各民族在长期的生产生活中，形成了风格各异、类型多样的民族文化、风俗习惯、村舍建筑等。这里是贵州原生态民族文化资源最为丰富、保存最为完好的地区。以苗族吊脚楼、侗族鼓楼、风雨桥为代表的民居建筑和保存完好的传统村落名扬中外，令人叹为观止。在国家和贵州省非物质文化遗产名录中黔东南州就分别占有 72 项和 242 项，截至 2017 年，黔东南州入选中国传统村落的民族村寨共 309 个，是我国民族民间文化抢救、挖掘、保护和开发的重要区域。黔东南州以原始的自然生态、原生的民族文化、原貌的历史遗存，被联合国教科文组织评为世界十大"返璞归真、回归自然"的自然保护圈之一，被世界乡土文化保护基金会列为全球十八个少数民族文化保护圈之一，是民族文化研究与教学资源的富饶之州。

　　黔东南州是多民族聚集的地方，每个民族都有自己丰富的建筑文化和特点，鼓楼、宗祠、戏台、民居、禾晾、禾仓、寨门、凉亭、风雨桥、歌坪、芦笙堂等建筑资源极其丰富，是民族文化、艺术与建筑结构的结合。黔东南州还是中国传统村落分布最为集中、保存最为完好、最具特色的地区。

　　中国传统村落和民族建筑，是农耕文明的精髓和中华民族的根基，蕴藏着丰富的历史文化信息与自然生态景观资源，是乡村历史、文化、自然遗产的"活化石"和"博物馆"，是中华传统文化的重要载体和中华民族的重要精神家园。近年来，伴随着农业现代化、乡村城镇化、新农村建设步伐的加快，破坏性建设、建设性破坏较为普遍，加上火灾等自然灾害频发，传统村落和民族建筑快速消失。但是需要指出的是，对那些关乎民族文化传承的、艺术价值极高的民居与民族村寨，在必要尽力保护并使之流传的同时，在更大的范围内让更多人了解民族建筑与乡土瑰宝，特别是让与乡土渐行渐远的年轻人了解自己原来生活村寨的美与文化价值，是我们从事建筑文化研究与传播的人士的责任与义务。

　　作为黔东南州的最高学府，凯里学院在原生态民族文化的研究与传承方面是大有可为、大有作为的。随着高等教育的深入发展，凸显办学特色，培养适应区域经济社会发展所需的复合型、应用型人才已成为高校创新发展的必然选择。作为欠发达、欠开发地区的高校，如何培育特色、打造亮点，关系凯里学院能否科学发展与持续发展。

　　近几年，为了保护、传承、弘扬黔东南民族建筑文化，更好地挖掘与利用民族建筑资源，在各级党委和政府的关心与支持下，凯里学院建筑工程学院在传承和发扬民族建筑文化方面进行了许多探索，开设了一些立足于黔东南民族建筑文化的课程，组织了多次调研和民族建筑测绘，掌握了大量的第一手资料。

本书是在凯里学院建筑工程学院所开设的土木工程专业的专业课程"黔东南民族木结构"讲义的基础上编写而成的，是介绍黔东南民族建筑和传统村落的专业性书籍。内容涉及黔东南民族村寨和民族建筑的三个典型代表：吊脚楼、鼓楼和风雨桥。本书得到了贵州省本科教学工程建设项目的支持，是"黔东南民族建筑文化引入土建专业特色课程建设的实践与探索"的阶段性成果。

本书由王展光、蔡萍主编，负责拟定内容和纲目，并进行编写、修改和串编定稿；甄映红、彭开起、汪洋参与重要部分编写。

由于编者水平有限，编写时间仓促，书中不足之处在所难免，希望得到专家和广大读者的批评指正。

编　者

2018 年 12 月

Contents 目 录 —————————————————

第1章 绪 论

💡 **学习提示**

   黔东南苗族侗族自治州是一个以苗族、侗族为主的多民族混住的地区，多民族在这片土地上共同生活，形成了丰富多彩的民族文化。在学习时，应注意对不同民族的文化，特别是建筑文化进行区分，了解其各自特点和形成原因。

☆ **学习要求**

   通过本章的学习，学生应了解黔东南州概况、历史和民族文化，重点掌握黔东南州民族建筑文化。

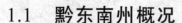

1.1 黔东南州概况

黔东南苗族侗族自治州，位于贵州省东南部，州府凯里市。全州辖凯里 1 市和麻江、丹寨、黄平、施秉、镇远、岑巩、三穗、天柱、锦屏、黎平、从江、榕江、雷山、台江、剑河 15 县，凯里、炉碧、金钟、洛贯、黔东、台江、三穗、岑巩、锦屏、黎平 10 个省级经济开发区，有 7 个街道，94 个镇，110 个乡（其中 17 个民族乡）。

黔东南州总面积 3.0337 万平方千米，东西相距 220 千米，南北跨度 240 千米。地势西高东低，自西部向北、东、南三面倾斜，海拔最高 2 178 米，最低 137 米，历来有"九山半水半分田"之说。境内沟壑纵横，山峦延绵，重崖叠峰，原始生态保存完好，境内有雷公山、云台山、佛顶山等原始森林、原始植被保护区与自然保护区 29 个，其中雷公山自然保护区为国家自然保护区。

1.1.1 地理环境

黔东南苗族侗族自治州位于贵州省东南部，地跨东经 107°17′20″ ~ 109°35′24″，北纬 25°19′20″ ~ 27°31′40″。东与湖南省怀化市毗邻，南和广西壮族自治区柳州市、河池市接壤，西连黔南布依族苗族自治州，北抵遵义市、铜仁市。州人民政府驻凯里，西距省会贵阳 160 余千米。

1. 地质地貌

黔东南苗族侗族自治州地处云贵高原向湘桂丘陵盆地过渡地带，根据地层岩石和地质外营力作用，境内可划分为岩溶地貌区和剥蚀、侵蚀地貌区。镇远至凯里一线西北属岩溶地貌区，常见的地貌形态有峰丛、峰林、石林、溶洞、溶洼、天生桥、暗河等。镇远至凯里一线东南属剥蚀、侵蚀地貌区，主要由碎屑岩组成，山体大、切割深，常形成脊状山。州境总体地势是北、西、南三面高而东部低。中部雷公山区和南部月亮山为中山地带，西部和西北部为丘陵状低中山区，东部和东南部为低中山、低山、丘陵、盆地。境内大部分地区海拔 500 ~ 1 000 米。最高点为雷公山主峰黄羊山，海拔 2 178.8 米，最低点为黎平县地坪乡井郎村水口河出省处，海拔 137 米。主要山峰有雷公山、冷竹山、南刀坡、佛顶山、轿顶山、香炉山、龙头岩、老山界、青山界、牛角山、天子岭、高岳山、猫鼻岭、月亮山、孔明山等。

2. 气候

黔东南苗族侗族自治州地属中亚热带季风湿润气候区，具有冬无严寒、夏无酷暑、雨热同季的特点。年平均气温 14 ~ 18 ℃。最冷月（1 月）平均气温 5 ~ 8 ℃；最热月（7月）平均气温 24 ~ 28 ℃。由于地理位置和地势的不同，各地气温有一定差异。总体趋势是：南部气温高于北部，东部气温高于西部。境内年日照时数为 1 068 ~ 1 296 小时，无霜期 270 ~ 330 天，降雨量 1 000 ~ 1 500 毫米，相对湿度为 78% ~ 84%。

3. 水文

黔东南苗族侗族自治州境内有大小河流 2 900 多条，以清水江、舞阳河、都柳江为主干，呈树枝状展布于各地。河流分属两个水系。苗岭以北的清水江、舞阳河属长江水系，苗岭以南的都柳江属珠江水系。清水江自西向东流经丹寨、麻江、凯里、黄平、施秉、台江、剑河、锦屏、天柱 9 县市，州境河道长 376 千米，流域面积 14 769 平方千米。舞阳河自西向东流经黄平、施秉、镇远、岑巩 4 县，州境河道长 166 千米，流域面积为 5 106 平方千米。都柳江自西向东南流经榕江、从江 2 县，州境河道长 141 千米，流域面积为 8 802 平方千米。

1.1.2 自然资源

1. 矿产资源

黔东南苗族侗族自治州矿产有重晶石、汞、煤、铁、锰、锑等 47 种，重晶石冠甲中华，保有储量占全国的 60%。

2. 水能源

黔东南苗族侗族自治州水能蕴藏量 332 万千瓦，可开发的水能资源 244 万千瓦，河流天然落差大，全州农村小水电站装机容量达 16.32 万千瓦。

3. 生物资源

黔东南苗族侗族自治州森林面积 188.73 万公顷，活立木蓄积量 10 959.7 万立方米，覆盖率达 62.2%，有各类植物 2 000 多种，其中野生植物资源 150 余科，400 多属，1 000 余种，在种子植物中，有中国特有属 24 属，占全国特有属的 11.7%，有秃杉、篦子三尖杉、银杏、鹅掌楸等重点保护树种 37 种，占全国重点保护树种的 10.5%，占省保护树种的 90.2%；药用野生植物 400 余种，盛产太子参、松茯苓、五倍子、天麻、杜仲等名贵药材；有野生动物上千种，草鸮、麝羊、彪豹、毛冠鹿、娃娃鱼、中华鲟等 10 多种被列为国家重点保护动物。

1.1.3 人口民族

1. 人口

2017 年年末，全州常住人口 352.37 万人，比上年末增长 0.5%。户籍人口 475.99 万人，比上年末减少 1.44 万人，其中城镇人口 137.41 万人，占总户籍人口比重为 28.9%，比上年末提高 2 个百分点。全年全州人口出生率为 14.05‰，死亡率为 6.99‰，人口自然增长率为 7.06‰。

2. 民族

2017 年，黔东南苗族侗族自治州有苗族、侗族、汉族、布依族、水族、瑶族、壮族、土家族等 33 个民族，常住人口中少数民族人口占总户籍人口的 80.3%，其中苗族人口占42.5%，侗族人口占 29.5%。

1.1.4 历史沿革

夏代，为荆梁之南境。

商代，属鬼方。

战国时期，隶属楚黔中郡。

秦代，属黔中郡和象郡。

西汉时期，属武陵郡和牂牁郡。

隋代，属牂牁郡、沅陵郡和治安郡。

唐代，属黔中道，置有充州、应州、亮州等羁縻州和奖州等经制州。

宋代，分属荆湖北路、夔州路和广南路，置有邛水县、安夷县和亮州、古州等羁縻州。

元代，属四川行省播州宣慰司和湖广行省思州宣慰司，置有麻峡县、黄平府、镇远军民总管府及古州八万洞民总管府。

明洪武年间，设镇远、清浪、铜鼓、五开、偏桥、古州、清平、兴隆 8 卫；永乐十一年（1413 年）废思州等宣慰司，置思州、镇远、黎平、新化 4 府，隶属贵州布政使司；宣德九年（1434 年）撤新华府并入黎平府；正统九年（1444 年）置施秉、永从 2 县；弘治七年（1494 年）置麻哈州及清平县，十一年（1498 年）置镇远县；万历二十五年（1597 年）置天柱县，二十八年（1600 年）置黄平州。

清康熙年间，镇远、偏桥、清平 3 卫分别并入镇远、施秉、清平县，兴隆卫并入黄平州；雍正五年（1727 年）改五开、铜鼓、清浪 3 卫，置开泰、锦屏、青溪 3 县；雍正七年（1729 年）至十一年（1733 年），先后置八寨、丹江、清江、古州、台拱 5 厅，分属镇远、黎平、都匀 3 府管辖；乾隆三十六年（1771 年）置下江厅，隶黎平府。

民国二年（1913 年），改府、州、厅为县，设镇远、施秉、青溪、思县、邛水、天柱、锦屏、黎平、下江、永从、榕江、丹江、台拱、剑河、黄平、炉山、八寨、麻哈共 18 县。

民国三年（1914 年），设黔东道，治镇远，领镇远、邛水等 26 县。

民国十二年（1923 年），废道，各县直属于省。

民国十九年（1930 年），思县易名岑巩县，二十年（1931 年）麻哈县更名麻江县。

民国二十四年（1935 年），全省建立 11 个行政督察区，其中第八行政督察区专员公署驻镇远，第十行政督察区专员公署驻黎平，后经过民国二十五年（1936 年）和二十六年（1937 年）两次调整，原第十行政督察区撤销，原第八行政督察区改为第一行政督察区（仍驻镇远）。

民国三十年（1941 年），裁清溪县并入镇远等县，裁丹江县，将丹江河以西之地并入八寨县，八寨县易名丹寨县，丹江河以东之地并入台拱县，台拱县改名台江县。

民国三十三年（1944 年），以原丹江县区域建立雷山设置局，三十七年（1948 年）改雷山设置局为雷山县。

1956 年 4 月 18 日，撤销镇远专区，建立黔东南苗族侗族自治州，原镇远专区的余庆县划归遵义专区，都匀专区的麻江、丹寨、黎平、从江、榕江 5 县划入黔东南自治州，自治州辖 16 个县，州人民政府驻凯里，7 月 23 日黔东南苗族侗族自治州正式成立。

1958 年 12 月调整行政区划，丹寨、麻江、炉山、雷山 4 县合并建凯里县，台江县并入剑河县，从江县并入榕江县，施秉县并入黄平县，岑巩县、三穗县并入镇远县，天柱县并入锦屏县，全州设 7 个县。

1961 年 8 月和 1962 年 10 月，先后恢复天柱、从江、雷山、麻江 4 县和施秉、三穗、岑巩、台江、丹寨 5 县建置，自治州仍辖 16 个县。

1983 年 8 月，国务院批准撤销凯里县建立凯里市。自此，黔东南自治州辖 1 市 15 县。

2003 年，黔东南州辖 15 个县、1 个县级市，共有 88 个镇、5 个办事处、116 个乡（其中 17 个民族乡），197 个居委会，3 437 个村委会。

2004 年，黔东南州共有 5 个街道、90 个镇、99 个乡、17 个民族乡。

1.1.5　发展历程

黔东南州地处西南边陲，由于地理位置及历史原因，其开发建设要晚于中原地区和东南沿海，社会经济发展进展在很长的时间内相当滞后。就地区行政和管理而言，黔东南地区在我国历史上主要经历了蛮荒时期、羁縻制度时期、土司制度时期、改土归流时期、民族区域自治时期 5 个发展阶段。

1. 蛮荒时期（隋唐以前）

春秋以前，今贵州大部分地区属于"荆楚"或"南蛮"的一部分。春秋战国时期，在今贵州一带陆续出现了古牂牁、夜郎国和且兰国，黔东南地区亦有一部分地区处于其辖属范围；战国中期，楚设黔中郡，中原统治势力开始向西南地区进行扩张。

秦汉之际，中国进入大一统时期，中央集权和封建王朝势力迅猛增长，统治范围进一步扩大，此时黔东南地区被划属郡治范围，秦时隶属黔中郡和象郡，两汉时隶属武陵郡、牂牁郡和郁林郡。实际上，封建王朝势力在当地是相当微弱的，并无实际统治。另外，秦汉至魏晋南北朝时期，黔东南地区随着苗侗水瑶等民族先民的陆续迁入，形成了以部落聚族为主的聚落。

隋唐以前的蛮荒时期为黔东南州域内聚落形成的初期，百越、苗族等族群因战乱向西向南迁徙是促使区域内聚落形成的重要原因，中原政权的行政管辖和军事扩张需要是影响区域发展的主要原因，黔东南地区这块蛮荒之地逐渐被纳入中原统治势力中。

2. 羁縻制度时期（隋唐至宋）

东汉以后，中央政权对边远地区较长时期实行羁縻与郡县并行的政策。唐代，在今贵州地区推行经制州与羁縻州并行的制度。羁縻州地区是比较封闭的、生产力水平相对较低的地区，黔东南州就是其中之一。羁縻州制始于隋朝末期，唐代已广泛使用，宋代得以进一步发展。羁縻州制是统治者根据少数民族地区特殊性而制定的，该制度的优势在于既保留了少数民族传统的行政管理制度，又将少数民族地区纳入国家统一行政设置之中，对当时而言是一项行之有效的政策制度。这一时期，黔东南地区出现了有史料明确记载的建制，如唐时在镇远县东北所置的梓姜县，宋时在三穗城区西南置邛水县、黎平县南置乐古县、镇远县置安夷县。

此外，出于对黔东南地区军事政治因素考虑，加大汉族的迁入，人口的迁入带去了先进的生产工具和技术，促进了黔东南地区的发展。同时随着与当地少数民族交往的加深，移入黔东南地区的汉族逐渐融入当地的少数民族中，被少数民族化。人口的增长、经济的发展、建制的完善，黔东南地区开始逐渐形成初具规模的城镇型聚落。此时的城镇聚落主要以境内三大河流为依托，集中于河流附近，主要在今镇远、三穗、黄平、黎平、榕江等地。

3. 土司制度时期（元至明初）

元代，在今贵州地区推行土司制度。土司制度是唐宋以来羁縻政策的一种变形，二者实质相同，但土司制度比羁縻州制有更为严格的控制，如土司承袭需受中央考核，纳贡必须定时保量。所谓土司，是指由少数民族首领世袭"宣慰司使"等官职。当时，在今贵州地区有大小土司共300余个，大者称为宣慰司、宣抚司、安抚司，小者称为长官司。

元代，黔东南地区被纳入中央王朝的统治范围。此时，黔东南地区开辟了有史记载的第一条驿道"湘黔驿道"，经过州境内麻江、黄平、施秉、镇远、岑巩等地，朝廷也相继在境内黄平、偏桥、麻哈、古州等地置军屯田，促进了工农业发展。明洪武年间，朝廷通过"移民就宽乡"的政策，在边疆大兴屯田，大量汉族移民通过军屯进入黔东南地区，黔东南地区人口急剧增加，同时朝廷为确保驿道畅通，沿驿道设置卫所，卫所城镇发展迅速。

4. 改土归流时期（明、清至1955年）

明永乐十一年（1413年），废思州和思南两宣慰司，改置8府，实施"改土归流"，黔东南地区为镇远府、思州府、黎平府、新化府（后并入黎平府）、都匀府所辖，各府下置各县，黔东南州各地均已被各府卫所辖，并出现府卫同城现象，卫所城镇和府邑城镇并存发展。此外，随着水陆交通的开辟和完善，人口的往来加剧，黔东南地区经济活动日趋活跃，城镇场集日益繁华，至明末清初，镇远已成为黔东经济中心和货物集散地，清水江的瓮洞、远口、王寨（锦屏城关）、清水江（剑河城关）、施洞、重安、庞海，以及丙妹、古州等集镇乡场初见雏形。

清代，继明代采取一些"改土归流"措施以后，又于雍正四年至九年（1726—1731年）在贵州实行了大规模的"改土归流"。所谓"改土归流"，就是废除原来的土司土目，由朝廷派遣行政官员（流官）治理，少数民族地区行政官员的任免由朝廷决定，不得世袭。"改土归流"政策最终导致黔东南土司制度的崩溃，并将整个黔东南地区纳入中央王朝统治的版图内。此时期可以说是黔东南地区古代城镇发展的鼎盛时期，形成了以清水江、都柳江、舞阳河沿河集镇为核心向四周驿道沿线分布的城镇空间格局。这一时期，有以政治为中心的各府、州（县）所在地和以军事为中心的卫、所、屯、堡等城镇，同时出现了许多经济重镇、文化重镇，如清水江沿岸的远口、卦治、革东、施洞、庞海、重安江、下司等，舞阳河沿岸的青溪、镇远、施秉、旧州等；都柳江沿岸的都江、古州等，陆路交通线上的清平驿、兴隆驿、偏桥驿等。

民国初年，黔东南城镇格局和清末相比，基本没有大的变化。中华人民共和国成立初期，国家在经济方面采取了一系列的重大措施，黔东南地区农业、手工业和私人工商

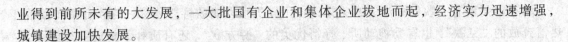

业得到前所未有的大发展，一大批国有企业和集体企业拔地而起，经济实力迅速增强，城镇建设加快发展。

5. 民族区域自治时期（1956 年至今）

民族区域自治制度是社会主义制度下一项重要政治制度，在少数民族人口聚居较多的地方实行，有利于保障民族平等和少数民族权利。1956 年 7 月，黔东南苗族侗族自治州成立，定凯里为州首府。铁路的开通、工矿企业的大发展，促使黔东南州崛起了一些新兴的工业城镇，凯里成为自治州物资集散中心，形成了以凯里为中心的区域城镇体系。

1.1.6 民族文化

黔东南州是我国原生态文化州，聚居着苗、侗、汉等几十个民族，各民族在黔东南州这片古老而神奇的土地上，和谐共处，依靠集体智慧和聪明才智创造出异彩纷呈的物质文化和精神文化。黔东南州拥有联合国"人类非物质文化遗产代表作名录"1 项，即侗族大歌；国家级非物质文化遗产 53 项 72 个保护点，数量占全省近一半，排列全国地州市级第一位（见表 1.1）；省级名录 192 项 242 个保护点；州级名录 254 项 300 个保护点；县级名录 700 项。有国家级项目代表传承人 26 人，省级项目代表传承人 104 人，州级项目代表传承人 294 人。有国家级民族文化生态保护实验区 1 个，国家级生产性保护示范基地 3 处，省级生产性保护示范基地 8 处，州级生产性保护示范基地 5 处。其非物质文化遗产包括民间文学、传统美术、传统音乐、传统歌舞、传统戏剧、传统体育、传统手工技艺、传统医药、民俗等，存在于少数民族村寨社会生活的方方面面。

表 1.1 黔东南州国家级非物质文化遗产

遗产类别	遗产名称
民间文学	珠郎娘美、刻道、苗族古歌、苗族贾理、仰阿莎
传统美术	苗族泥哨、剪纸、侗族刺绣、苗绣
传统音乐	侗族大歌、侗族琵琶歌、芦笙音乐、多声部民歌、苗族飞歌
传统歌舞	苗族芦笙舞、铜鼓舞、反排苗族木鼓舞
传统戏剧	侗戏
传统体育	赛龙舟
传统手工技艺	侗族木构建筑营造技艺、苗族蜡染技艺、白皮纸制作技艺、银饰制作技艺、苗族织锦技艺、苗族芦笙制作技艺、苗寨吊脚楼营造技艺、枫香印染技艺、民族乐器制作技艺、苗族银饰锻制技艺
传统医药	苗医药、侗医药、瑶族医药
民俗	苗年、苗族服饰、苗族鼓藏节、侗族萨玛节、月也、侗年、苗族栽岩习俗、苗族姊妹节、苗族独木龙舟节、三月三、侗族服饰、侗族款约、歌会（四十八寨歌节）

黔东南州素有"歌舞海洋"的美誉，各民族历来以能歌善舞著称。苗族有高亢激昂、热情奔放的"飞歌"，也有委婉动听、抒情优美的"游方歌"，还有质朴无华的"古歌""酒歌""大歌"，其调式不一，各具韵味，具有很强的艺术感染力。侗族的歌大多旋律优美，曲调多样，犹如潺潺流水，有合唱歌曲，也有独唱歌曲，特别是无伴奏、无指挥的多声部侗族"大歌"，以其古朴优美的曲调、独特的演唱方式享誉海内外。

黔东南州的民族舞蹈多姿多彩，有动作刚劲有力、豪放潇洒、被称为"东方迪斯科"的苗族木鼓舞和庄重的踩鼓舞，有纯朴活泼的芦笙舞，有侗族的"多耶舞"。这些舞蹈具有浓郁的生活气息，是中华民族文化百花园中的奇葩。

黔东南州少数民族传统体育活动与民族习俗紧密联系，与各民族的历史和生产生活环境息息相关，是民族文化的重要组成部分，充满了浓郁的生活情趣和乡土气息，主要有苗族的"划龙船"和武术，侗族的被誉为"东方橄榄球"的抢花炮等。

黔东南州民族工艺美不胜收，有早在宋代就作为贡品的苗族蜡染和侗族的侗锦以及苗族、侗族的刺绣，具有鲜明特点的民族服饰和首饰等，都具有很高的艺术价值和收藏价值。

黔东南州素有"百节之乡"的美称，一年中有节日集会 200 多个。节日活动丰富多彩，有唱歌跳舞、斗牛赛马、吹芦笙、踩铜鼓、赛龙舟、玩龙灯、唱侗戏等。主要的民族节日有苗族的苗年、芦笙会、爬坡节、姊妹节、"四月八"、吃新节、龙舟节，侗族的侗年、泥人节、摔跤节、林王节、"三月三"歌节、"二十坪"歌节，水族的端节，瑶族的"盘王节"，等等。这些节日集会是展现黔东南民族风情和灿烂文化的百花园。

黔东南州的民族建筑在中国建筑史上占有重要的一席之地。苗、侗、水、瑶、畲等民族的干栏式吊脚楼，土家族的衙院庄园，侗族的鼓楼、风雨桥都具有鲜明的民族特色和很高的艺术价值。

统观黔东南州及各民族的发展历史，可归纳出以下各种重要文化：稻作文化、民族文化、移民文化、地域文化、红色文化、建筑文化、医药文化等。通过黔东南历史文化体系研究，其历史文化空间分布呈现"一核三区多元"特征，即以苗、侗民族文化为核心，苗族文化主流区、侗族文化主流区和汉族文化主流区为三大区域，以及黔东南州诸多文化所蕴含的多样性（见表 1.2 和图 1.1）。

表 1.2　黔东南州历史文化体系

性质	名称	主要内容
一核	苗侗民族文化	民族服饰、民族歌舞、节日集会、宗教信仰、社会制度、饮食习惯、民间工艺等
三区	苗族文化主流区	苗绣、银饰、飞歌、芦笙舞、吊脚楼等
	侗族文化主流区	刺绣、银饰、侗族大歌、琵琶歌、鼓楼、风雨桥等
	汉族文化主流区	会馆、屯堡、古城、赛龙舟等
多元	稻作文化、红色文化、建筑文化、医药文化、移民文化、木商文化等	

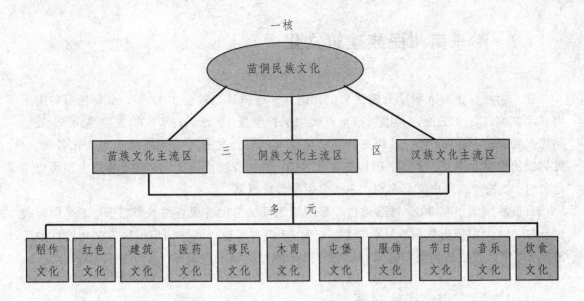

图 1.1　黔东南州一核三区多元文化结构示意图[9]

一核：以苗侗民族文化为核心。苗、侗民族是黔东南州最主要的民族，早在秦汉时期便已迁居黔东南内，在漫长的历史发展长河中，在与大自然的相处适应、与外来侵略势力的抗争中，黔东南苗、侗民族依靠集体的力量和才智创造出了绚丽多姿的原生态民族文化，极具民族和地域特色，是黔东南州民族文化的结晶和象征。

三区：以地理特征为特点的苗族文化主流区、侗族文化主流区和汉族文化主流区。黔东南州的历史在某种意义上可称为一部移民史，历史上三大主体民族苗、侗、汉均由域外迁徙而来，在此繁衍生息，彼此融合，并形成各自的聚居区。黔东南州各民族的分布基本上以清水江为界，汉族主要分布在苗岭山脉以东及清水江以北地区，主要聚居在今镇远、施秉、岑巩等地；而苗、侗等少数民族则主要分布在清水江以南地区，其中苗族主要分布在清水江以南的雷公山山区，主要聚居在雷山、台江、凯里、丹寨、麻江、剑河等地；侗族主要分布在清水江下游及月亮山山区，主要聚居在黎平、从江、榕江、锦屏、天柱等地。三大民族在各自聚居地形成了以主体民族为特色的文化主流区，使其文化主流区有了不同于其他地区的文化特质。

多元：以移民文化、红色文化为代表的多元文化特色。黔东南州传统文化具有多元性特征，除以苗、侗为主的原生态民族文化外，还有稻作文化、红色文化、建筑文化、医药文化、移民文化、木商文化、屯堡文化等，囊括历史、政治、军事、社会等各个方面，其具体文化形态有城址、建筑、文书、碑刻、人物及相关历史文物活动等。黔东南州传统文化的多元性是黔东南民族内部和民族之间文化变迁和整合的结果，自身民族文化的创造及聚居地之异质文化的碰撞、转化和融合，使黔东南州在漫长的历史发展中形成了丰富多元的传统文化。

1.2 黔东南州民族建筑文化

黔东南州保留着大量珍贵的历史文化遗存，据统计，截至 2015 年，全州拥有各类不可移动文物共计 975 处，其中国家重点文物保护单位 19 处，省级文物保护单位 59 处，州级文物保护单位 68 处，县级文物保护单位 829 处；另有 1 处国家级历史文化名城、1 处省级历史文化名城、2 处中国历史文化名镇、1 处省级历史文化名镇、8 处中国历史文化名村、2 处省级历史文化名村、309 个中国传统村落。

目前黔东南州有 30 个村寨被世界旅游组织评选为世界级乡村旅游村寨、5 个国家级生态村、14 个中国少数民族特色村寨，还有 23 个村寨被列入中国申报世界文化遗产预备清单，2 个世界生态建筑博物馆，即锦屏隆里所村和黎平堂安村。

1.2.1 黔东南州民族村寨

黔东南州是多民族聚集的地方，每个民族都有自己丰富的建筑文化和特点，鼓楼、宗祠、戏台、民居、禾晾、禾仓、寨门、凉亭、风雨桥、歌坪、芦笙堂等建筑资源极其丰富，是贵州民族文化、艺术与建筑结构的结合。传统的黔东南民族建筑（苗族、侗族建筑）主要是依山而建的穿斗式和干栏式木构建筑等形式；结构丰富多样，在黔东南州民族的生活中扮演着重要作用。黔东南州各民族在长期的生产活动中积累了一套丰富而完整的木结构传统营造技法，包括选址、平基、砌坎、伐木、运木、选材、掌墨、排扇、立房、铺楞、装板等技术和方法，都极具特点，体现了高超的营造技术和装饰工艺水平，有极高的历史文化和学术价值。

根据第一、二、三批中国传统村落的统计，黔东南苗族侗族自治州有 309 个传统村寨列入名录，占全国传统村落的 7.44%，是中国传统村落分布最密集、保存最完整、最具民族特色的地区。

1. 苗族村落

苗族村落多以宗族或家族聚族而居，村落大多分布于半山腰，少部分村落分布于河谷，具有"一山一岭一村落"的分布特点（见图 1.2）。其形态既有山间团状，也有河谷带状，但更多的是半山簇状形态。景观上，村落建筑依山就势，贴壁凌空，鳞次栉比；村落房屋木质建材，古香古朴；村落内部古树参天，百鸟栖息；村落巷道纵横交错、石级蜿蜒；村落周边层层梯田，小桥流水。山、树、井、田、房、院、坪、塘、路、桥等村落要素，构架了村落特殊的网络结构。

苗族民居建筑与生态环境、生产活动有密切的关系。因地制宜、就地取材、节约用地、易于搬迁是苗族民居的突出特点。民居几乎都是木结构的吊脚楼，一般为四排三开间三层，楼梯设置于房屋两侧，屋面多为歇山顶。吊脚楼一层因占地少，底层进深浅，通常不住人，以木枋横向装修，用以圈养牲口。二楼是全家活动中心，楼面半虚半实，靠外空虚处，上辅楼板，安床睡觉，设廊小憩；靠里平实，挖设火塘，垒砌炉灶，供生活起居。吊脚楼二楼宽敞明亮的走廊上，一般都安装美人靠，它既是家人休息纳凉的场所，又是接待宾客的地方，还是苗族姑娘、妇女们的"梳妆台""绣花房"。顶层为储藏室或卧室。吊脚楼是山地建筑极富特色的典型代表。山区少平地，坡度大，稍平的地用以开造田地，因而苗民多选择在靠山 30 ~ 70 度的斜坡上建造房屋。一幢房屋需要柱子、横梁、穿枋、地枋、椽子等木料上百根，工匠们仅凭记忆和墨斗墨线、斧子、手锯、凿子、木尺等工具，使用 30 根柱子、300 多个眼孔栓栓相连、枋榫相接，不用一钉一铆，便将房屋矗立于斜坡陡坎，历经百年或几百年不倒，实为绝妙。苗族村寨，在建筑环境、总体布局、造型、用材、工艺、功能、装饰、民俗等方方面面，对研究人与自然的关系、研究人与社会的关系都是不可多得的世界遗产。

图 1.2　黔东南苗族村落——郎德上寨

2. 侗族村落

侗族村落往往依山傍水，负阴抱阳，周围植被丰富。寨内鼓楼高耸，风雨桥横溢，干栏式木构民居随山就势，沟渠交错，景色秀丽。侗族村落通常聚族而居，村落一般以鼓楼及周边的鼓楼坪为中心向外延伸，辐射构成蜘蛛网状格局。这种向心性的布局方式给村民一种领域感、安全感，增强了族内成员之间的联系。

侗族村落大都与所处地形地貌、山水等自然环境和谐统一，遵循因地制宜的布局原则和"天人合一"的自然观，肌理清晰，格局完整，具有较高的历史价值和审美价值（见图 1.3）。鼓楼是全寨最雄伟的公共建筑，是侗族村寨的标志。鼓楼周边的鼓楼坪是全寨村民议事、节庆的场所，侗族人的芦笙歌舞、男女青年的行歌坐月也在这里进行。侗族的建筑不用图纸，千姿百态，宏伟精巧，都来自建筑工匠的身手和经验，且能够"百年木楼身不斜，一身杉木坚似铁"。侗族村寨的鼓楼、风雨桥，在造型和制作上，都为世界建筑史上增添了一页。

图 1.3　黔东南侗族村落——增冲村

3. 土司村落

明代以前，贵州人口以少数民族为主。明代洪武年间开始，朱元璋为稳定西南边疆，从湖广、江淮等地抽户编为军屯迁至贵州、云南一带，史称"调北填南"，同时也采取卫所制度来巩固边防、稳定西南。卫所制度是以军事组织形式把农民或者军士强制地束缚在土地上，"闲时为农、战时为兵"，出现了越来越多军事屯堡村寨，如现在的雷屯、盆寨屯、者屯、高屯等的军事屯堡。经过 600 多年的历史沉淀，经过不断构建、不断完善、不断更新，最终形成了今天的土司文化村寨（见图 1.4）。

图 1.4　黔东南土司村落——隆里镇

1.2.2　黔东南州建筑形式

黔东南州是多文化聚集区，最为典型的建筑为苗族吊脚楼、侗族鼓楼和风雨桥。

1. 吊脚楼

黔东南州苗族造屋都以修建吊脚木楼为主。吊脚楼纯木质结构，各寨民宅大都于半山腰与偏坡间修建。延续唐宋以来的风格，各代又有所改进，自成格局。苗族多以支系家族聚居，以团结共同防备其他对抗势力的侵扰，且多聚居山区，宅基地势有限，大多就地砌基，傍山而建，其屋半边着地，半边吊脚，既有不占地之优势，又具突兀之威、美观大方之感。大小寨子，顺坡而居，层层叠叠，屋脊鳞次栉比，十分壮美。

吊脚楼，顾名思义，建筑最外的一排房柱齐二楼楼板下裁下，呈半悬空状（见图 1.5）。吊脚楼一般为"六柱三瓜"或"五柱四瓜"的四排或五排"四高一矮"结构。最外一柱和第二柱之间为走廊，每排的两棵悬柱间连接尺宽的坐枋，坐枋上置外伸横棱柱，嵌数十条弯月形木条连接楼枕与坐枋，成靠背状坐椅栏杆，这就是苗家著名的"美人靠"。

图 1.5　吊脚楼

修建吊脚木楼是十分讲究的，可以修成四角天井式或三方联立式，自成天井口格局，颇见大气。一般的吊脚木楼有四排三间或五排四间，各间宽敞，人居舒适。畜棚禽舍一般都设在房侧或房后，也有用楼脚围棚立圈饲养畜禽的，既方便管理，又干净卫生。有的人家还在房后房边建起一小栋专门囤装粮食的谷仓。有的利用吊脚木楼边搭架木板做晒楼，白天晒些谷物或蔬菜，晚间可以纳凉休息。

凡盖瓦的大屋房顶，屋檐造型十分讲究，有的屋脊用瓦片搭成一双对称的飞禽形象，或放上数只泥塑飞鸽。

2. 鼓楼

鼓楼是侗族特有的建筑艺术，是侗寨的标志。作为寨子的活动中心，它不仅是击鼓传会、集中议事的地方，也是长者们向后代说古道今、讲述道理的场所，更是迎宾联欢的首选之地。

鼓楼建筑结构为密檐式宝塔形，一般结构为正八边形、正六边形、四边形等（见图1.6）。楼体立面均为奇数，有一至二十一层不等，顶部有悬山式、歇山式和攒尖式；攒尖式中，又有双叠顶和复叠顶。整个建筑全木结构，不用一钉一铆，全由木榫穿合，扣合无缝，结实牢固。

鼓楼的设计者均为声望极高的"掌墨师"，奇的是数以万计的木、枋、梁、板等建筑材料，数十人的建筑队伍，却无一张图纸，整个建筑的尺寸，全凭墨师心中默算。在黎平、从江、榕江分布的六百余座鼓楼中，"远观相似，近看不同"，充分体现了侗族民间艺人们的高超技艺。

图 1.6　鼓楼

3. 风雨桥

风雨桥，也叫花桥，是黔东南州侗族方言区侗寨的常见标志性建筑，即为建筑界称为"廊桥"的建筑形态。上有顶，左右有廊，可遮风雨，为风雨桥得名，又因廊壁上绘有动物花鸟及人物故事彩画，故名花桥。

风雨桥的建筑艺术以其不用一钉一铆的独特工艺享誉海内外，被称为"民族建筑艺术之瑰宝"。

侗族风雨桥不仅是跨越江河的通道，而且除了提供人们便利的交通之外，还具有象征意义和风水文化意义，即有"堵风水、佑村寨"之意，被视为"消除地势之弊、补裨风水"之益的文化设施（见图1.7）。同时，风雨桥还被用作侗寨迎送宾客和教传侗歌的地方。因此，侗族风雨桥已经不仅仅是实用意义上的桥了，已成为侗族人民热爱生活、追求完美的象征。

图 1.7　风雨桥

【复习思考题】

1. 黔东南州历史文化体系的"一核三区多元"指的是什么？
2. 黔东南州苗族村寨和侗族村寨的特点是什么？
3. 说明黔东南州民族建筑的三种典型代表形式及特点，举例说明。

第 2 章　黔东南州民族村寨及其特点

💡 学习提示

黔东南州民族村寨众多，是黔东南州各民族与自然环境和谐共处的典范，是黔东南州民族文化的重要组成部分。学生通过本章的学习，要能够了解黔东南州传统村落的特点和构成，掌握民族村寨的分析方法，能够用相关理论来分析自己身边村寨，达到理论和实践相互印证的效果。

☆ 学习要求

通过本章的学习，学生应达到以下几个方面的要求：

（1）掌握民族村寨的选址特点和方法；

（2）掌握民族村寨的几种布局形式和形成原因；

（3）掌握民族村寨的空间布局特点和与周围环境的山村水田关系；

（4）掌握民族村寨内部空间关系，重点了解村寨公共建筑对村寨布局的影响。

2.1 黔东南州传统村落概况

2.1.1 总体概况

截至 2016 年，在国家先后公布的四批中国传统村落名录中，共 4 153 个村落入选，其中黔东南州传统村落数量为 309 个，占贵州传统村落总数的 56.69%，占全国传统村落总数的 7.44%，在全国所有地州市中排名第一。

黔东南州传统村落数量为 309 个，其中第一批 60 个，第二批 165 个，第三批 51 个，第四批 33 个。黔东南传统村落具有以下几个特点：

其一，数量比重大。黔东南州传统村落 309 个，在全国所有地州市中排名第一，全州 1 市 15 县均有分布，其中黎平县数量 93 个，位于全州第一，雷山县、从江县、台江县数量分别为 58 个、44 个和 37 个。传统村落主要分布于以雷山县、台江县为中心点的苗疆腹地，以及以黎平县、从江县为中心的黎从榕侗族聚居区，数量最少的为位于黔东南州北部的汉族聚居区。

其二，始建年代较早。在黔东南州 309 个传统村落中，村落始建年代大都集中于明清时代。其中：元代及以前始建的有 52 个，约占总数的 16.82%；明代始建的有 160 个，约占总数的 51.77%；清代始建的有 92 个，约占总数的 29.77%；民国时期及以后始建的有 5 个，约占总数的 1.62%。

其三，民族类型多样。黔东南州传统村落以苗侗村寨为主，包括苗族、侗族、汉族、壮族、瑶族、仡佬族、水族等民族村落。其中苗族村落数量最多，共 166 个，最具代表性的村寨有岜沙村、郎德上寨、格头村等；其次为侗族村落，共 114 个，最具代表性的村寨有增冲村、黄岗村、占里村等。苗侗村落总计 280 个，占黔东南州传统村落总数的 90.62%，其他民族传统村落包括瑶族 5 个，壮族 5 个，仡佬族 2 个，水族 3 个，汉族 1 个，多民族混居村落 13 个（见图 2.1）。

（a）榕江县兴华水族乡八蒙水寨（水族）　　　　　（b）从江下尧村（壮族）

（c）从江高华村（瑶族）　　　　　　　　　（d）麻江复兴村（仡佬族）

图 2.1　黔东南民族村落

其四，遗产保存丰富。黔东南州传统村落是黔东南州 30 多个民族共同创造的文化遗产，具有很高的保护价值。据统计，全州 19 处全国重点文物保护单位有 9 处坐落于传统村落中，分别为从江县的增冲鼓楼、高仟鼓楼、金勾风雨桥等，另有 14 处省级文物保护单位、12 处市级保护单位和 78 处县级文物保护单位，包含古建筑、古遗址、古墓葬等，类型多样，内容丰富。黔东南州非物质文化遗产几乎均源于传统村落，以传统村落为文化载体，传承和发扬黔东南非物质文化。

2.1.2　黔东南州传统村落特点

苗族和侗族人口的历史来源，造成了黔东南州苗族主要聚居在清水江流域，而侗族主要分布在沿都柳江流域的河谷地区。当然经过漫长的历史交往与融合，两个民族居住区已无明显的界线。在苗族聚居的清水江流域有许多侗族聚落飞地，而在侗族聚居的都柳江流域也有许多苗族聚落飞地。两个民族在黔东南的分布形成了"大聚居、小聚合"的特点，许多地方都是苗侗聚落的相间分布。尽管如此，两个民族杂居于同一聚落的现象仍十分少见。它们的聚落即便是在同一地域也分布于不同的高度，就一般状况而言，其呈现出以下特征：

1. 苗族聚落特征

黔东南州的苗族聚落分布在山腰或山顶，民谣流传："高山苗、水侗家，仡佬住在岩旮旯。"苗族住高山，侗族住水边。黔东南州的苗寨聚落最主要特色是因势利导、布局灵活，并借地貌风景组织主体空间。通常的建造手法是利用山的坡度分层建筑，层顶逐层升高；或利用不同高度的地面，统一层顶高度，前两层后一层；或者是用悬挑、吊脚的构造手法建造吊脚楼。

2. 侗族聚落特征

侗族聚落主要分布在依山傍水的河谷两岸，"择平坦近水居之"，聚落沿河流阶地或山麓地带呈条状或环状分布。一般沿河流排列成居民线，"里坎为山，外坎为河"，这在侗族民间流传的古歌中也有明确的反映。侗族聚落这种分布特征是有一定历史传统的，与侗族喜居于平原低地或靠近江河湖海水道纵横的地区有关。因而在文化生境上体现出与"水"更多的密切联系，如水耕稻作、习水用舟、干栏建筑以及龙蛇崇拜等均离不开"水"的生境，此外，辅以捕渔业和家庭养殖业。

黔东南州气候潮湿多雨，为了防湿通风，侗居多采用下部架空的干栏建筑。干栏木楼多为2至3层，1至2个开间，3至5柱进深。侗楼层层出挑，带抱厦，大出檐。一侧进口，登梯入廊，廊为宽廊，多为2~2.5米，迎朋会友，纺纱织布，均在廊中进行。栋栋木楼随等高线分层升高，各单体建筑上下左右相互联结，高低错落彼此呼应。寨内有高耸的鼓楼，入寨有风雨桥。

3. 聚落建筑分类

黔东南州聚落建筑可以分为居住建筑、公共建筑和辅助建筑等。

苗族文化富于浪漫气息，他们的聚落与观念缺少一致的联系，他们感情的寄托物更多为一些树木和花鸟，赋予这些东西以生命，所以其聚落缺乏公共建筑，更多的是一些聚落周围作为自然崇拜的风景树、"土地公"等，许多苗寨以芦笙场或铜鼓广场作为村寨的公共空间中心。房屋建筑多依地形而建成吊脚楼，通常用杉木建成，屋顶盖瓦或杉木皮。聚落的规模一般不大，常以百人左右的小村为主，分布于山腰或山顶陡坎，建筑贴壁悬空，很为壮观。

侗族有一个很明显的标志就是公共建筑，共有两种。其一是鼓楼，在侗族古歌中有"先建鼓楼后建寨"的句子，说明鼓楼在侗族聚落地理中占有极为重要的地位，有侗寨则必有鼓楼。鼓楼也全用杉木建成，其构造虽无统一的图示，但却遵循统一的建筑规律，它的平面为偶数，有正方形、六边形、八边形等，立面均为奇数，少的一层，多的达十几层，外观上既有宝塔之雄壮，又有楼阁之优美。几乎每个村寨都有鼓楼，少的一座，多的三、五座，高耸于聚落的中央。一般一个族姓有一座鼓楼，所以它的高矮和繁简也反映出族姓的经济实力和艺术追求，是一种提供地位以及将这种地位传送给外界的方式。同时它还是侗族人民聚众议事、祭祖及文化活动的场所，是侗族社会组织存在的一种物质标志，它融物质、艺术、观念和社会组织为一体，是侗族文化景观的集中体现和核心。

另一种建筑是风雨桥，它由桥墩、桥梁、桥廊、桥楼几个部分组成。风雨桥常建于聚落附近的河流交通处，除供过往交通外，它也是侗族人民文化活动中心之一。

2.1.3 黔东南州传统村落影响因素

黔东南州传统村落以苗族侗族为主，各传统村落散落于黔东南州各市、县，呈现出一种"大杂居、小聚居"的分布状态。苗寨大部分集中于雷公山一带的雷山、台江、凯里、丹寨、麻江、剑河等苗疆腹地，形成了以雷公山为中心的苗族生活文化圈；侗寨主要分布在与湘桂交界的侗疆腹地黎平和月亮山以东的从江、榕江，形成了以黎平为中心的侗族生活文化圈。

黔东南州传统村落的空间分布特征主要受自然地理环境、民族迁移分布等多重因素影响。

其一，自然地理环境方面。黔东南州地处亚热带季风气候区，四季分明，气候宜人，雨热同季，降雨较多。地处云贵高原的高山区向湘桂丘陵盆地过渡的中高山斜坡地带，海拔最高 2 178 米，最低 137 米，自然生态资源极为丰富。境内以山地和丘陵地貌为主，素有"九山半水半分田"之说。

境内河流纵横，以清水江、舞阳河、都柳江为主干，大小河流 2 900 多条，分属两个水系，呈树枝状展布各地。山与水在境内相互碰撞与交融，不仅产生了风景秀丽的自然景观和丰富的自然资源，同时在山川河谷间自然生成了众多的平坝谷地。大大小小的黔东南传统村落就坐落在峰峦起伏、江河纵横的高山、峡谷、坪坝与江河之畔，与自然地形地貌巧妙结合，使传统的乡村聚落与山、水、田、林有机地融为一体。黔东南州特殊的自然环境注定了传统村落必然以绮丽多姿的山寨形态为其鲜明特征，分布在大山深处、江畔河谷。

其二，民族迁徙分布方面。黔东南州传统村落以苗侗民族为主，汉族次之。苗、侗、汉族村落覆盖了大部分地域，并且相对集中地聚居在黔东南州 3 个不同的地理单位，分居一端，分布于别具特色的民族文化区。苗族村寨在海拔最高的山区，以雷公山为中心，清水江为轴带，环绕其周边重峦之上和沿江两岸。侗族村寨分布在地势减缓的黔东南州东部和南部月亮山麓大片地区。汉族村落称作屯、堡、寨，主要分布在沿舞阳河、清水江流域古驿道和水路重镇附近。

黔东南州传统村落大都集中于雷公山和月亮山一带及侗疆腹地，其中雷公山北侧沿清水江流域主要为苗族古村寨，分布于今雷山、台江、凯里、麻江、黄平等地，形成以雷山为中心的苗族聚居区；苗寨大多分布于半山（山腰），少数分布于山间或河谷，具有"一山一岭一水一村落"的分布特征。月亮山一带和侗疆腹地主要为侗族村落，分布于今黎平、榕江、从江等地，形成了以黎平为中心的侗族聚居区，侗族古村落大多分布于地势较为平坦的盆地和谷地，这与侗族源于百越民族及其亲水而居的择居观也有很大的关系。

历史上苗族入黔路线主要沿长江流域的上游支流沅江和清水江溯江而上，几经辗转才迁徙到黔地，黔东南地势复杂，沟壑纵横，山峦延绵，江河湍急，悬崖峡谷随处可见，正因为如此，这里才成为苗族迁徙的最后领地，此处的苗族人大都聚居在雷公山脉和清水江流域的广大地区。苗族村寨空间分布的主要特征是依山而建，择险而居。集中在一起的民居层层叠叠，鳞次栉比，形成屋包山之势，背靠大山，挡风向阳，正面开敞，视线开阔。部分苗民因安全防御需要，选择山巅、隘口、悬崖等地势险要之处安寨，以便居高临下，可退可守。就此形成了以苗族传统村落为代表的建在山腰和山顶之上的古老村寨。

另一方面栖居山区，农田寸土如金。苗族在艰苦的生产生活条件下，在村寨建在不宜稻作的山上，尽可能留出山腰和山下土地开垦农田，解决居家生活衣食之虞。一般山寨择址要寨后有山，寨脚有河，在河上建板凳桥，河畔结合地形设置成群的水车水碾。

侗族源于我国岭南古老的百越民族。自秦始皇征战岭南百越人起，百越族渐渐往西北方向迁徙，其迁徙路线主要沿珠江流域支流溯江而上，最终到了湘桂黔交界处才定居下来，其中大部分侗民经由都柳江进入黔东南境内。由于百越自古以来以"饭稻羹鱼"为其经济生活特点，且有善舟之习，所以侗族早期迁入黔东南州境时仍旧沿袭了百越族近水、亲水的遗传基因，选在山地丘陵相对平缓的环山河谷、溪流和近水坪坝处建房筑屋设村寨，很少直接建在山上。由于村寨地跨河溪两岸，或村寨隔河开辟有农田，因此侗族村寨的村头寨尾必建有风雨桥连接交通，同时起着"锁水""栏龙""护寨"的作用。

综上所述，自然地理条件和政治历史因素使得黔东南州传统村落呈现"大杂居、小聚居"的分布状态。

2.2　民族村寨选址

黔东南州传统村落数量众多，内涵丰富，是我国传统村落分布最为集中、保存最为完好、最具特色的地区之一。黔东南州传统村落主要以苗、侗民族村寨为主，千百年来，这些以苗、侗聚落为主的传统村寨始终延续传承着原生态的农耕劳作和起居形态，同时也创造出丰富多彩的民族和地域文化，体现着黔东南州的历史文化与精神内涵。

2.2.1　民族村寨选址影响因素

传统村落形态是在特定的自然地理条件以及人文历史发展的影响下逐渐形成的，村寨的选址布局及其景观正是这种自然、地理和人文、历史特点的外在反映，是这些错综复杂、千变万化的诸多因素综合作用的结果。"高山苗、水侗家，仡佬住在岩旮旯""依山傍水、择险而居"等既是对苗侗民族择居最简单的释义，同时表达出苗侗民族村寨选址特点。黔东南州传统村落选址由以下三个方面决定，即自然生态环境、历史迁徙、宗教信仰及风水。

1. 适应自然生态环境的村寨选址

从自然地理环境看，黔东南州地处中低纬度的云贵高原东部斜坡，这里地势高峻，山峦连绵，平坦之地较少，为了获取更多的可耕之地，苗族常将村寨修建于山势较为陡峭之处，而农田处于较为平缓之地；有的村寨没有平地可耕，因此在许多村寨出现了依据地形而建的层层梯田，有腰带梯田、石砌梯田、鱼鳞梯田等。这些梯田不仅为居于高山的村民们提供粮食，同时也成为优美的自然景观。因此，黔东南州素有"九山半水半分田""开门见山、出门爬山"等民谚，生动地概括出黔东南地区气候复杂、多山多雨以及高山、坡地、岩坎纵横，田土面积有限的地貌环境。

黔东南州山多平地少、耕地更稀少的地理环境特征，对村落的选址建造必然带来居

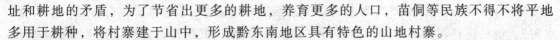

址和耕地的矛盾，为了节省出更多的耕地，养育更多的人口，苗侗等民族不得不将平地多用于耕种，将村寨建于山中，形成黔东南地区具有特色的山地村寨。

苗族村寨选址布局十分灵活，不拘一格。注重顺应地形，因势利导，基本不会劈山填壑，随意改变地形地貌。建筑避阴向阳，沿山体等高线自如伸展，因地势变化疏密相间，高低错落。村寨一般以自然形成的山沟或者山冲为边界。建房选址充分考虑风向、日照、水流、山势、树木等环境要素对居住生活的影响，多数村寨都会朝南或者朝东建造。

侗寨与苗寨不同，属于典型的血缘聚落。村寨规模大小不一，多则五六百户，少则只有几户或者十几户人家。村寨选址根据所在地形特点，要求背山、面水、朝阳，一般分为山地型村寨与河谷坪坝型村寨两类。山地型村寨靠近水源，依山就势，沿山体等高线层层叠叠呈跌落状营建，并顺势在横向曲直不一自主延展。河谷坪坝型村寨多选择在河流冲积而形成的谷地和小型坪坝处，沿着河道走向呈狭长线状分散布局。

2. 历史背景及移民因素影响下的村寨选址

黔东南州传统村落是黔东南州一部看得见其面貌、传统的历史书，其历史背景及移民等社会因素对黔东南州苗、侗山地村寨选址的影响是不可忽视的。

从苗族历史来看，苗族源于黄河流域的九黎后裔，历经由北向南、由东向西的5次大迁徙，动荡不定的历史因素造成了苗族群体居安思危的心理和高度的防卫意识。为了在内忧外患中更有效地保护自己，不仅在苗族社会内部形成了颇具实力的军事政治联盟，还凭借高山密林等天然屏障安营扎寨，借助自然环境的防御优势来增强村寨本身的自卫能力，这种选址的防卫意识效果是显而易见的，所以苗族村寨大多选择高山地区聚居，地势险要，因而有"高山苗"之称。

从侗族历史上看，侗族源于百越民族，百越民族为古代中原人对长江中下游以及以南地区各种民族的泛称。黔东南州侗族来源于百越民族的"西瓯"和"骆越"支系，自岭南梧州、浮州一带聚族迁徙溯江而上，历经千难万险，迁居于此。于是侗族先民继承了百越族的生活习俗，选择营建村寨的地点"非有城郭邑里也，处溪谷水之间，篁竹之中""山行而水处"的传统。因此侗族村寨的选址自然与苗族择高山而居有所不同，侗族更加倾向于选择山谷、平坝、盆地，临水而居，这也是黔东南州苗、侗两大民族村寨择址较为明显的区分。

此外，苗侗民族在不断被迫迁徙的过程中，为了民族的生存、延续和发展，迁徙的民族先民不得不聚族而居，强大对外力量。因此黔东南州苗侗等民族村寨大多数"聚族而居、自成一体"。寨子不论大小，不但少与异族夹杂而居，而且一寨多为同姓家族，个别异姓者，也大都是族亲，造成了早期苗、侗村落聚族而居的生存特点。

3. 宗教信仰及风水观念影响下的村寨选址

由于生产力低下，经济文化落后，早期苗、侗先民改造自然的能力还很弱，对很多自然现象无法解释，由此产生了自然崇拜、祖先崇拜等原始宗教崇拜，如对祖先、土地神、树神、岩神、桥神等的崇拜，这些崇拜不仅影响着人们在村落选址上采取对地形的利用和对地势的依托，同时也影响着对房屋的建造。

黔东南州苗族和侗族都有着对树神的原始崇拜，因此民族村寨里多有古树，名曰"风水树"。侗民视杉树为吉祥树，称其为"杉仙"，鼓楼仿其树形，建房优先考虑杉木。枫树被视为苗族祖先蚩尤的化身，包含了蝴蝶妈妈生蛋造化人间万物的文化传说内涵，是苗民的树神。此外，对山神、地神和树神的祭拜，是苗族原始宗教万物有灵的具体表现，充满神秘的色彩。

人们对自然环境如山地的山峰、脉络走向、坡度、等高线、土质、水源、湿度、温度以及自然领地屏障等特质的认识，是长期逐渐形成的，并由此得出人与自然环境之间关系的规律，"风水"理论因此产生。苗族"风水学"认为向阳、背山、向水是宝地，适合建造居住建筑，而山腰、汇集溪流且潮湿的山凹是"藏风闭气"的宝地，适合生产劳动，于是，很多苗族聚落都出现了半山腰型背山面水的选址特征。苗族人民认为，山与水是大自然的产物，是神，必须重视尊重他们，因此，许多苗寨会将"风水"与自然环境结合，请"苗巫师"看"风水"，以罗盘定方位，考虑风向、日照、水流、山势、林木等居住相关因素，择址定居，尽可能朝东或朝南。

侗族认为理想的村寨基址应该是后有靠山前有朝宗，左右有砂山护卫，明堂方广平畅，溪河似玉带环抱，水口紧固。绵延起伏的山脉为"龙脉"，山势绵延而来至坝区或河流边戛然而止的地方称之为"龙头"，在"龙头"前面环绕的溪流和开阔的坝子边划地起屋，称之为"坐龙头"，若后山山势凶猛，便在后山多蓄古树篁竹，作为"风水林"，以"镇凶邪"。此外，侗族人民还通过修桥、立亭、改道等方法改善、补救"风水"，认为溪水源源流去，会把财源带走，便在河流和溪涧上设风雨桥，锁住水口；隘口穿风而过，会把财气漏掉，则在风口处修建凉亭，堵在风口；因太阳东升西落，多选择从东面或南面修路进寨，很少选择西面和北面。

侗寨的基址大多趋同于"风水"中的理想村寨基址，彰显着"风水"观念对村寨择址和建构筑物的深刻影响。以黎平纪堂村为例，纪堂村属于黎平肇兴乡，位于麒麟山西端的一块凹地，人们认为龙脉顺山而上于此，故坐落之地被视为"龙口"。纪堂村分为上寨、下寨、寨头 3 个部分，上寨坐落之地被视为"龙"的舌尖，所建鼓楼要矮，下寨所居之地被视为龙之下颌，所建鼓楼要高；而寨头则为龙的左额部，建立的鼓楼也要矮，且 4 根中柱不能落地，人们认为只有这样，才能使村子蒙福受祉，人丁兴旺，生活富裕。

黔东南州苗族、侗族传统村落选址特征可概括为"依山而建，择险而居；临近水源，有土可耕；风水为上，兼顾环境；聚族成寨，自成一体"。

2.2.2　苗族村寨选址特点

苗族多居于高山地区，素有"高山苗"之称。明代记述苗人"择悬崖凿窍而居，不设茵茅，构竹梯而上下，高者百仞"。清代记载亦有"行黔西五尺道，道左右高山盗盗，皆苗所蒝居"。黔东南州苗族古村落多以宗族或家族聚族而居，村落大多分布于山腰，少部分分布于山间或河谷，具有"一山一岭一村落"的分布特点。古村落一般"所在多险处"，有的分布在陡峻的斜坡；有的分布于贴壁凌崖的半山台地；有的则隐于深山雾罩中。

寨落选址原则归纳起来有如下几项：

（1）背靠大山，正面开阔。靠山一面多为阳坡，背负青山，可有生产生活的广大基地，而且挡风向阳，能减少寒气压迫，利于在寨周培植绿化系统。住居前方，有山坳可对，空间开放，不仅阳光充足，空气流通，视野辽阔，高能远望，后有依托，便于观察、防守与撤退。

（2）水源方便，可避山洪。水为生态之必需。高山地区失水是对生态的最大威胁，故苗寨多近水源，或面河，或临渠，或伴泉，或傍始，或邻井，或借涧，方式多样。同时还要注意山洪的危害，避开较大的冲沟以防水患，利用一定坡度的自然沟壑以供排泄。此外，充足的水源也能应攘火之需。

（3）地势险要，有土可耕。有的苗寨选在山巅、垭口或悬崖惊险之处，居高临下，前可守，后可退，山寨基址坚固可靠，无滑坡危岩。同时寨周须有宜于农耕之土，种植庄稼供生活之需。苗族人民惜土如金，寨址多布于岩丛乱石地段，让出土地，此项利于耕种与防守相结合的原则也是基于生态环境的保护所做的全面考虑。

（4）风水为主，兼顾环境。有的地区受汉族影响，选寨定居亦请苗巫师看"风水"，以罗盘定位。要求风向、日照、水流、山势、林木等对居住均相宜。

上述诸项都是对立的统一，既要开阔，又须靠山；既要用水，又应避患；既要凭险，又利耕种；既要风水，又重环境。这些常常结合地形，加以综合考虑，或突出某一要素，或兼备几条。苗寨聚落千形百态，都无外乎从生态所需的阳光、空气、土地、绿化和水，以及庇护安全诸方面的复杂矛盾中权衡利弊加以灵活变通的处理。

2.2.3　苗族村寨选址方式

苗寨的选址方式，蕴含很多生态智慧。归纳起来至少有以下六个方面：一是适应气候变化的智慧，二是适应地理条件的智慧，三是适应生计需要的智慧，四是适应安全要求的智慧，五是适应和谐环境要求的智慧，六是读解各种生命体知识经验的智慧。具体选址方法如下：

1. 根据"异象"选址

主要表现是，受到某种"奇异现象"的启示，而进行居住地的选定。

案例：贵州省松桃县磐石镇水尾苗寨选址。

这个寨子如今有几十户人家，都姓麻。他们的祖先是个猎人，他在这个地方定居之前，这里是虎豹出没的森林。大概是因为这里的大泉是溪水的源头，野兽常来饮水，猎人就在这里安套。一年冬天，他关得了一只母虎，这只母虎在囚笼里下了虎崽，他就认定，这个地方是个福地，在这里安家立寨，繁衍至今。

2. 根据"动物行为启示"选址

根据牲畜和各种动物从某个地方带出的"信息"，断定是福地而选为寨址。

案例：黔东南州榕江县怎猛苗寨选址。

这个寨子有 79 户，350 人。据当地人介绍，他们最先是在一个叫挡阳窖的地方居住。他们在打猎时，发现怎猛这个地方，有一片枫树林，林边有一个水塘。他们放出的水牛，来到这里就去塘里洗澡，不愿回去。他们认为此地是宝地，就迁来居住。

3. 根据"植物启示"选址

案例：黔东南州雷山县丹江镇乌东村选址（见图 2.2）。

这个村寨杨氏的先祖，原本居住在位于该村下游 30 多里（1 里=0.5 千米）处的陶尧，因偶然发现一只从小河上游飞来的野鸭身上带着浮萍，于是断定上游某处有适宜居住的好地方，便披荆斩棘来到此地，安家立寨，繁衍至今，已有 11 代人。

图 2.2　雷山县乌东村

案例：黔东南州剑河县柳富村选址。

该苗寨属南寨乡管辖，共有 500 多户。黄氏的祖先最先迁入这个地方。他们沿着清水江溯源而上，在沿路渔猎时，发现这个地方满坡遍岭都是蕨草，便认定是适宜安居之所，因而立寨定居下来。

4. 根据地貌造型"奇异"选址

案例：黔东南州榕江县空申苗寨选址（见图 2.3）。

空申苗寨，距离榕江县城 94 千米。居住在这个寨子的苗族，是从远方迁徙来的。"寨上的老人说，当年，有神灵谕示，要他们的祖先寻找一处如牛形的地方，将一株松树倒栽，松树成活，便可在此小住三五年，日后，如果人丁兴旺，便可在此定居下来。遵循"神谕"，他们沿着雷公山的龙脉一路寻来……在最高的那座山下，有一块光秃秃的石壁，石壁上有一只巨大的牛脚印窝。空申人的祖先就想，这里就是神灵指引的地方了。倒栽的松树活了，水土也养人，几年下来，人丁多得像翻过河的水，寨老决定就在这里安身立命。

图 2.3　榕江空申苗寨

5. "称土"选址

具体方法是，从不同拟选之地取出相同体积的新鲜土壤，称其重量，比哪个地方的土最重，就将该地选为聚落地址。

案例：松桃县正大古城选址的传说。

据距离该古城不远的官舟村的寨老们介绍，正大城原本计划建在官州寨子所在地，谓之"三门临水，一门临泉"，由于正大这个地方的人要狡猾一点，称土测吉时，他们那里的一位官员做了一点手脚，结果城就建造在那里了。

6. "称水"选址

与"称土法"相似。具体方法是，从不同拟选之地的泉水中取出相同体积的泉水，称其重量，比较哪个地方的水最重，就将该地选为聚落地址。

案例：黔东南州剑河县观么乡新河村选址。

该苗寨有 664 户，4 600 多人。据当地人介绍，苗族的先民是因避战祸而迁入此地。在迁入过程中，沿着该村山脚的小溪溯源而上，遇到该小溪的两条支流，想择其一为居住之地，但不知何为吉，就以"称水"定吉凶的方式来确定。最后，在如今居住地的小溪源头（一口清澈的泉眼）旁边立寨定居。

7. 占卜选址

这是苗族使用最广的选址方式。占卜的形式有鸡卜、鸭卜、蛋卜、鸟卜、米酒卜、刀卜，栽植枫树、杉树、竹子等植物卜，结草卜，等等。

不同地方有不同的占卜仪式和审察吉凶的方法。黔东南州苗族通常是先请"鬼师"看地势，选了地点后，拿一只鸭子到该拟做地基的地方宰杀，煮熟观察其眼睛，好则用，不好则弃。眼睛好，即鸭的双眼皆睁或皆闭，不能一睁一闭。没有鸭子的人家用大公鸡代替。用鸭卜或鸡卜选好的地基，还不能算是可用的，还须在这个地方栽竹或枫，若是栽的竹或枫成活了，而且新芽繁茂，则地基可用，否则必弃之。

栽植枫树、杉树、竹子占卜屋基的吉凶祸福，在黔东南州比较常见。这种占卜方式不止于占卜屋基、坟地，还用于在重大历史关头占卜群体命运。黔东北、湘西、渝东南苗族也有这种占卜方式，但常见于占卜坟地，以及重大关头的群体命运。

"米酒卜"盛行于黔东南州苗族地区。用这种占卜方式选择地基的大概方法是：在相中的地基上取回一坨鸡蛋大小的新土，碾碎后撒放到已经拌好酒曲准备做甜酒用的糯米饭里，再反复拌匀，装进瓦坛，压实密封。十天以后，揭开坛盖，如果这坛酒香甜可口，便是吉兆，相中的地基是吉祥如意的好地基；如果这坛酒发酵不好或变质发霉，便是凶兆，相中的地基无论如何也得放弃，另外选择。

8. 根据交通条件选址

有两种情形。

（1）在水运发达的河流岸边选址，尤其是在临近码头、港口的地方选址。乌江、沅水、酉水以至湄公河及其支流沿岸，但凡有苗族人居住或曾经居住的，选址行为都有这个特点。

（2）在官道近地选址。在古代，主要是同官家关系密切的苗寨选址在官道近地。

9. 根据生计环境选址

在黔东南州的雷公山、月亮山腹地，土地较少的地方，为了节约耕地，往往将寨址选定在向阳而陡峭的山面上。例如，雷山县西江、陶尧、报德、乌瓦、猫猫寨等。同样是这个地区，在坝子上的苗族，有的选在坝子的边缘地带，有的选址坝子中央。

10. 根据斗争的战略、策略需要选址

（1）古时在战争之后，一些苗族人融入了皇家在苗族地区建立的政府管理体系之中，按照皇家派遣的地方大员确定的军事谋略，进行军民两用的据点布局。如，在空旷的坝子上建造一些主要是为了协助官府扼守交通干道的村寨。贵州松桃磐石城旁边的标山苗寨、正大城旁边安排的马台苗寨、七星坡下的麦地苗寨等，都是属于这种情形。

（2）某个区域的苗族，或某几个家族、姓氏的苗族，为了增强共同抵御外部侵扰的能力，而围绕某个坝子或是山体，形成一种相互策应、相互支持的寨子群。例如，渝东南若干相距不远的石家苗寨群，湘西州花垣县、古乾州所里集中在某片区域的吴家苗族群等，都属于这种情形。

（3）出于进攻退守或隐匿的便利而进行选址。

11. 根据人际关系选址

（1）在仆从关系的影响下选址。虽然苗族是不同时期迁入现在的居住地，但由于迁入时，原本的社会关系或姓氏地位对于新的居住地的确立仍然存在一定的影响，强势人群或姓氏选定寨址后，附属人群、随从人员或姓氏，才在就近的地方选址立寨。

（2）在上司与下级的身份关系影响下选址。

（3）在"先入为主、后来为客"的影响下选址。

12. 根据政策需要或商业发展需要选址

（1）官家为了打破苗族聚居区的"纯粹"，而有意安排和积极引导建设一些苗族、汉族杂居村寨，如麻江的下司镇。

（2）由于政治、军事、文化、经济的发展变化，使得某些地带成为谋生的好地方，苗族人主动迁往居住。其选址，或是依托官道，或是在城郊接合部的某个偏僻地带。

13. 根据"风水法式"选址

这种选址方式，应该是汉族传入。比较而言，东部方言区尤其是丧失苗语的苗族，比中部和西部方言区苗族更加相信"风水"，其利用"风水"的方法选址更突出。依据"风水"理论选址，一般都请堪舆先生用罗盘之类法器测量，用书中的原理推演。

2.2.4　侗族村寨选址特点

侗族村寨的总体布局并无事先规划，由于地处河谷、近山傍水，建筑便随地形自由伸展，民居鳞次栉比地发展衍生，寨内道路依生活生产需要自然形成。在漫长的发展过程中，形成了一种有序的、自然的、极富韵律的风貌。村寨建筑的布局在随意中有规律、在变化中有统一，虽然形态各异、不拘形式，但整体上仍是协调的，充满生活情趣和人情味。

侗寨，始终以依山傍水或据高凭险为理想的选址模式。

侗族的稻作生产由汉唐时期的游耕与狩猎采集生产方式发展而来，长时期采用刀耕火种的耕作方式，大面积的森林砍伐与农业耕种需要一定数量人群协作，血缘大家庭式的劳作模式是适应这种集体合作生产方式的社会结构，因此形成聚族而居的侗族聚落。从侗寨历史来看，一个聚落往往经过多次迁徙才最终定居下来，如肇兴大寨最初在"平扒下记"，迁至"龙里四花"，又在"高芽南寨""四乡上保高岑娄"与"洛香坪草"分别生活了一段时间，最后定居于肇兴现址，这种多次迁徙的聚落历史是对游耕迁徙的写照。

侗寨选址首先考虑生产与生活的可能与便利，适宜耕作的土地、充足的水源、易于盖房的地形以及丰富的自然资源都成为选址需要考虑的条件。从侗寨的历史传说看，很多聚落选址的原因都是祖先见此地有天鹅孵卵、狗做窝而认定此地为宝地，这是侗族先祖从自然界中得到的生存经验，动物在此繁育可以说明有较为优良的自然资源与环境，是建寨生活的好地方。与苗族的高山聚落不同，侗寨优先选址于山间盆地与平坝河谷地区。这样的地方靠近水源，便于生产生活，河坝农田又易于耕作，周边又有高山环绕，是聚落天然的屏障。也可选址于山脚之下，背山面水，寨前是溪流与农田，寨后为山林。这种平坝型侗寨由于自然资源充足，有利于聚落的进一步扩展，足以供养较多的人口。平坝寨一般为历史久远、规模较大的聚落，平地建寨也更易于形成向心围合的聚落空间。

侗族聚居区素有"九山半水半分田"之称，随着侗寨的发展，耕田由聚落周边的平坝田向山坡梯田发展，部分居民随着耕田外扩而搬迁至山区居住，建立新寨，聚落位于高坡或山脊之上，建筑散布山坡之上，形成山麓型的聚落。从侗寨的选址上往往也可看出聚落发展的历史，平坝寨一般均为母寨，山麓寨多为子寨。如肇兴大寨坐落于山谷之中的狭长盆地，其人口外迁形成了己伦、己塘、登江、岑所与宰柳等山麓型侗寨。这些山麓寨地处高山坡塝，海拔较高，生存条件较为恶劣，例如在稻作农耕播种环节，海拔低、位于平坝地的肇兴大寨仅需要把秧种直接播撒在水田中，而海拔高、位于山麓之上的己伦、厦格等寨子需要先在自制温室中培育秧苗，然后在田里栽秧苗。二者的产量相当，但是平坝田要比高山田更容易打理，被当地人视为良田。相比起平坝寨丰富的水源，山麓寨的高山梯田引水有较大的难度，很难打理。

不同的聚落选址也造就了不同的聚落空间形态，山麓寨沿山势纵向发展，空间层次更加丰富，但聚落的向心性有所减弱。以堂安寨为例，聚落位于山坡上，鼓楼位于聚落中心，但由于地形限制，住宅沿等高线分布，较为松散，未能形成一种闭合的聚落空间。

2.3 民族村寨布局

黔东南州苗族、侗族的聚居文化模式和整体结构是与其自然环境相呼应的，聚居总体来说是"小分散，大聚合"。从微观层次上对黔东南州的聚落地域类型进行划分，有三种类型：① 山麓河谷型聚落；② 平坝河谷型聚落；③ 山间高地型聚落。

2.3.1 山麓河谷型

山麓河谷型是黔东南州民族村寨聚落最典型的一种模式，也是人们选择栖息地的最理想模式。许多民族村寨聚落依山傍水，选山坡山梁居住，背负大山，但要求能耕善猎、能防善守之地。即便是在恶劣的环境中亦选择尽可能好的生态环境。

村落位于山脉的山脚或山麓，背靠山脉，面临溪涧、河流，这是民族村落类型中最主要的一种。在少数民族的集中分布区里，沿着山脚和河岸，往往是二里一村，四里一寨，错落有致。有些河流、溪流的沿岸，顺流而下往往串联着十几个甚至几十个大小不一的村落。这些村落都建在山脚或山麓，依临着河流。

山麓河岸往往没有大面积的冲积坝岸。为尽可能少地占用耕地和水位落差的关系，房屋几乎都是背山面水由山脚向山麓修建，而越往上就越受到地形地势的限制，以及日常取水的不便，因此房屋顺坡向上建的层次不多，村落的形态逐渐发展为线型布局，河流或溪流是其发展的脉络。

山麓河谷型村落往往形成于大江大河一侧或两侧，坐坡朝河。凯里市的季刀苗寨（见图 2.4 和图 2.5）、南花苗寨和雷山县郎德上寨等都是巴拉河流域的典型的苗族村寨。从江县下江镇境内，沿都柳江畔分布有腊俄、巨洞、郎洞、苏洞等侗族村寨，都建于大江东侧。这些村寨离河只一箭之遥，背靠长满杉树林的大山，村寨近水朝河，便于防卫。

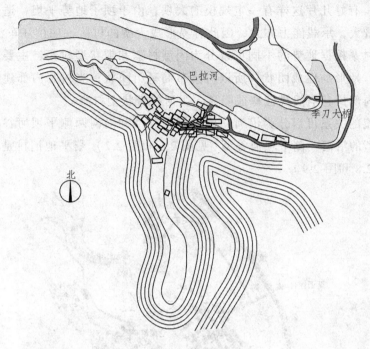

图 2.4　季刀上寨总平面图

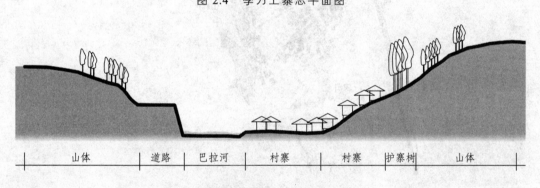

| 山体 | 道路 | 巴拉河 | 村寨 | 村寨 | 护寨树 | 山体 |

图 2.5　季刀上寨剖面图

2.3.2　平坝河谷型

黔东南州多高山陡坡，平坝并不多见，有的多是在河谷冲击地带或山间的小盆地。有平坝的地方，就有可能形成较大规模的村寨。平坝河谷型是也是侗族村寨的典型模型之一。

侗族是一个典型的山地农耕民族。古称侗族为"峒人"，实际上是从其居住的地域特点来称呼的。自古以来侗族所居的"溪峒"之地，即指四周山环水抱，溪谷交错地带的山间坝子。

在支流汇入主河道的交汇处，或者河道曲折迂回处，地势一般比较平坦开阔。由于河水的冲击，泥沙的淤积等因素，往往形成一片平坦的源地或山间小盆地，山地人称之为坝子，许多侗族村落和部分苗族村寨就坐落在这样的坝子中或坝子边缘。侗族聚居区的地域范围内，有好几片这样有一定规模的大坝，由于坝子地势平坦，适于农耕；空间开阔，人口容量大，承载能力亦大，因此容易形成大型的村落，如榕江车江大寨。

平坝河谷村寨根据地势的不同可以分为团型村寨和带状型村寨，主要是因部分河谷平坝在山凹处，地形局促成团状，所以村寨布局呈组团状；当村寨内部建筑平行于河道布局时，村寨内部街巷空间线性特征明显，为河谷带状型村寨。

根据与河流的关系可以分为沿河一侧平坝河谷型和沿河两侧平坝河谷型，其中黎平朱冠村就是典型的沿河一侧平坝河谷型（见图 2.6 和图 2.7）；黎平地扪村是沿河两侧平坝河谷型（见图 2.8 和图 2.9）。

图 2.6　黎平朱冠村平面布局图[22]

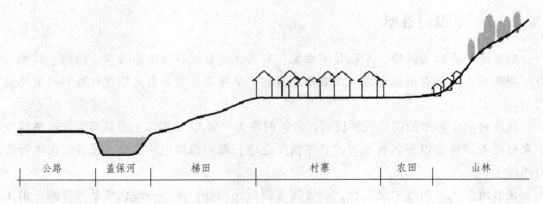

图 2.7　黎平朱冠村截面图[22]

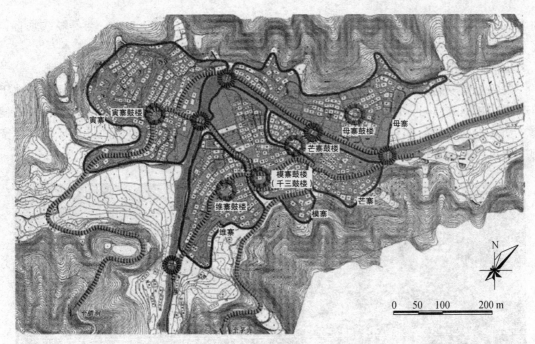

图 2.8　黎平地扪村平面布局图[22]

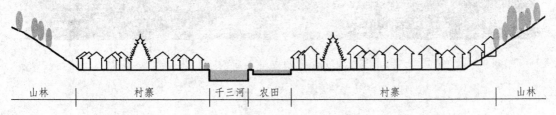

图 2.9　黎平地扪村截面图[22]

2.3.3　山间高地型

还有一种是山间高地型，许多苗族村寨和部分侗族村寨是山间高地型。该类型村寨聚落一般随山就势自由生长，很少有开山劈地等人为地改变原有地貌的活动，完全依据自然条件修房建屋。或组团成片或串联成条，没有固定边界，布局灵活自由。聚落随山间高地层叠而上，犹如自然生长，人景交融，生息与共。

村落根据地形地势环山隘或坳口依山而筑，俯临山谷的溪流和谷底的田地，居地位置险要。由于地形起伏较大，寨内道路坎坷不平，曲折蜿蜒，各类建筑顺等高线分布，依地形高差产生高低错落的层次变化，构成层序性的人道空间，勾勒出优美自然的天际轮廓线。

无论是内凹还是外凸的山地村寨，首先都坐落于山的阳坡，可以获得避风向阳的良好环境。当位于谷地向阳山地村落发展到一定程度时，也会有一部人分离出来到对面的背向山坡形成新的定居点，但规模和时间上都会小而晚于向阳山坡的定居点。

山间高地型村寨建筑整体布局的趋势为沿等高线横向发展，又沿垂直方向顺坡势层层递升，同时局部又不拘泥，随地形变化随意而行。其主要街道多为弯曲的带状空间，曲率大致与等高线一致,没有显著的高程变化;巷道一般宽 1.5 ~ 2 米,与等高线垂直,高程变化显著,并经常和排水沟结合在一起。

山间高地型村寨按照其在山体的所处位置可以分为山脚型、山腰型和山顶型。

肇兴乡堂安村就是一种山腰型的侗族村寨,(见图 2.10 ~ 图 2.12)。堂安侗寨始建于清朝嘉庆年间（1795—1820 年），堂安侗寨是由厦格上寨鼓楼的大家族外迁形成。堂安侗寨三面环抱的山体,阻挡或减缓东北冷风,为堂安侗寨营造较为安定的气候环境。村寨脚下梯田层叠,周边树木环绕,形成独特的梯田景观。

图 2.10　黎平堂安村[22]

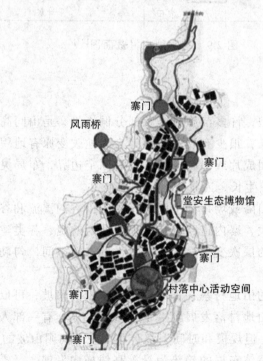

图 2.11　黎平堂安村平面布局图[22]

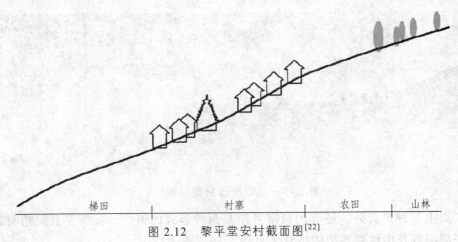

图 2.12　黎平堂安村截面图[22]

　　雷山县南猛苗寨是典型的山顶型苗寨（见图 2.13～图 2.15），距雷山县城 13 千米，寨子的总体布局依山就势，房屋依山而建，在山脚下有一条小河，建筑疏密相间，形成似自然生长的村寨形态。

图 2.13　雷山南猛村

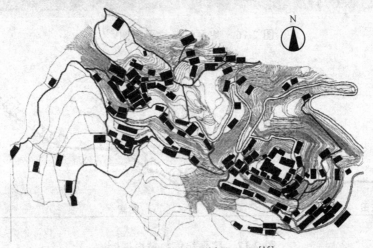

图 2.14　雷山南猛村平面图[15]

图 2.15　雷山南猛村截面图[15]

　　除了以上三种形式外，还有的村寨可能是两种形式的组合，如黎平县纪信村就是沿河一侧平坝河谷及山地高地型的结合（见图 2.16、图 2.17）。

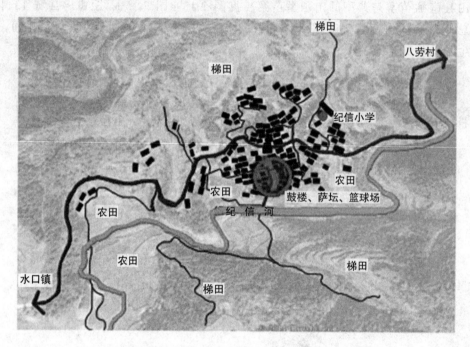

图 2.16　黎平纪信村平面图[22]

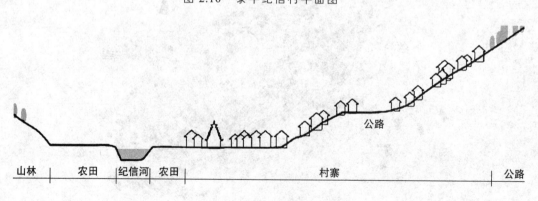

图 2.17　黎平纪信村截面图[22]

2.3.4　苗族村寨和侗族村寨的差异

黔东南苗族和侗族在这块土地上共同生活，苗族村寨和侗族村寨中山麓河谷型聚落、平坝河谷型聚落和山间高地型聚落三种类型都有，但从整体上看，苗族村寨和侗族村寨由于文化、历史等方面的差异，还是有很明显的各自特征。

1. 苗族村寨

苗族在西迁的过程中长期受到楚国的统治，而楚国的祖先"辟在荆山，筚路蓝缕，以处草莽"，楚文化在我国地域文化类型中属于典型的山岳文化，苗族聚落的"所在多深险"是这种山岳文化特征的遗迹。苗族传统文化是属于我国古代巫楚文化的一支苗巫文化，其是一种追求"独立不迁，岂不可喜兮"的浪漫主义精神。

在文化艺术方面，其音乐以曲调高昂的飞歌来表达某种忘我的解脱以及他们高居山上与地广人稀的残酷的自然环境搏斗的粗犷豪迈之情。其口承文学重神话，而且多神崇拜，神位众多，神性复杂，神的地域差异也明显，其神话中的神包括从开天辟地到农、林、医、风、雨、雷、电等几乎人类物质生活、精神生活和宇宙观的各个方面。这是苗族人民生活在海拔高、云雾缭绕这样一环境中对各种自然现象的最初认识，也是他们思维活动特点保留至今的较为完好的"活化石"，是苗族人民行为模式的基因之一。苗族人的文化信仰、心理类型和思维方式不但是物质生产和社会组织秩序的潜在组织者，也是聚落地理特征形成的重要制约因素，其相关性见表 2.1。

表 2.1　苗族聚落地理特征与文化环境特征

类别	聚落地理特征	文化环境特征
分布	① 清水江流域； ② 山腰或山顶	① 溯沅江西迁而来； ② 山岳文化传统
形态	成团状或不规则状	山腰或山顶较陡地形单元
结构	① 房屋建筑； ② "土地""山神"； ③ 离散	① 重祭祀的巫楚文化； ② 文化浪漫精神
功能	居住	重个性而追求自由

2. 侗族村寨

侗族来源于我国古代的西瓯、骆越地区，远古时期他们生活于沿海一带，其生活更多地依赖于海洋，所以形成之初是"以船为车，以楫为马，往若飘风，去则难从"的沿海型文化。他们在向黔东南地区迁徙的过程中，为适应新的自然环境，以种植业为主，其文化也逐渐地变异为河谷型文化。侗民族在适应这种群居群迁的历史过程中，还形成了一种比较严密和稳定的社会组织形式，即"款"，它的职能是保护氏族的生产生活和公共财产。其范围有大有小，小款是几个聚落的联盟，大款则由若干小款组成，方圆数百里。同一款内人们彼此相结，饮血叫"盟"，款里还有严格的款词，刻置鼓楼内，是聚落内所有成员的行为准则。表现在文化价值观上，致力于人格的完善，重集体人际而轻个人，是一种重集体主义的保守型心理类型。表现在文化艺术方面，音乐以曲调的复调大歌表达自己与溪流潺潺，鸟语花香这样一种特殊的河谷环境的和谐；口承文学重英雄故事和传说，主要是祖先崇拜，是一种不同于苗族社会结构的宗法氏族的思维模型。所以侗文化所制约下的聚落特征与苗族聚落特征表现出强烈的差异，其相关性见表 2.2。

表 2.2　侗族聚落地理特征与文化环境特征

类别	聚落地理特征	文化环境特征
分布	① 都柳江流域； ② 河谷两岸	① 沿都柳江西而来； ② 沿海型文化的变异河谷型文化
形态	成条状或环形规则	河流两岸阶地较平坦的地形单元
结构	① 房屋建筑； ② 鼓楼等公共建筑； ③ 向心而整齐	① 重集体而轻个体； ② 理性文化特征
功能	① 居住； ② 氏族联盟的象征	具有社会组织"款"的宗法社会

2.4　民族村寨空间格局

当村落所处的自然环境不同时，村落的外部形态也会有所差异。而且，不同的自然环境造成村落物质空间的多种要素如街、巷、广场等在景观上的区别。从黔东南州苗族、侗族聚落现今的形态不难看出，黔东南州传统村落大致可归纳为有明确中心的团聚式空间布局和无中心的均质式空间布局。

团聚式空间布局即村落有明确的中心，这个中心可能是单数，也可能是复数，团聚式空间布局形态多以侗族村落为主，部分苗族村寨也有。侗族村寨主要以鼓楼为中心向外延伸，辐射构成蜘蛛网状格局；苗族村寨主要以铜鼓场和芦笙坪（场）为中心向四周扩散，如雷山新桥村就以芦笙坪为中心，向四周延展的团聚式村落（见图 2.18）。

图例
● 芦笙场
▲ 空间延展带

图 2.18　雷山县新桥村单核团聚式空间布局图[9]

对于侗族传统村落而言，若一个村落只有一个鼓楼，则该村落为包含一个中心的一个组团，属单核团聚型村落，这种村落规模不大，一般约几十户，常为处于初期或由大村落分裂出来而形成的村落，也有受地理条件限制，发展至一种平衡状态的村落。如黎平县堂安村即为单核团聚型村落，该村是由厦格上寨鼓楼大家族外迁形成的，村寨以鼓楼和戏台形成的公共空间为中心向四周扩散。

当一个村落有多个中心时则构成多核团聚型村落，即村落由若干个组团单位构成，每个组团各有中心。以黎平肇兴侗寨为例，肇兴侗寨为我国最大的侗寨，其先民陆浓暖从江西迁徙而来，村寨以陆姓为主，先后发展成 5 个团，取名为仁团、义团、礼团、智团和信团，一个团代表着一个房族，每个团各自建有自己的鼓楼，以一个鼓楼为中心聚居一寨，形成多核团聚型村落（见图 2.19）。

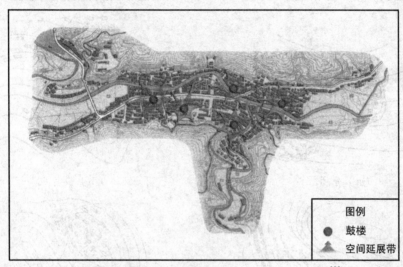

图 2.19 黎平肇兴侗寨多核团聚式空间布局图[9]

均质式空间布局即无中心的村落，这类村落主要受地形地貌的影响，据等高线依山而建，形状无定，房屋相互制约少，布置疏密悬殊较大，是一种不规则的、松散的建筑群体。该类型村寨主要以苗族村落为主，侗族村落较少。

2.4.1 苗族村寨空间布局

苗族村寨是一种松散性的建筑群体，形状无定，根据寨子规模和地形条件，布局自由灵活，不拘一式，皆顺其自然，概括起来大致有下列几种（见图 2.20）：

（1）分团式。这种形式的寨子多建在山顶的一块相对较平坦的台地上，形状一般较为规则，寨外有围墙或者绿带，带有防御功能。

（2）成片式。寨子轮廓取决于山坡地形，没有固定的形状，若有山弯，则绕坡进弯，连成一片，呈山抱寨；若有山梁，则顺坡翻梁，结为整体，呈寨包山，如雷山县黄里苗寨。

（3）成条式。这种形式的寨子在低山区及河谷区较多，沿沟谷二侧，水边台地，山腰台地，这种地段基地狭窄，寨子就顺长向布局，向两端伸展，如雷山县朗德苗寨。

（4）成串式。一般位于河谷缓坡地段，地势起伏不大，房屋散落成几组，以干道串通各部；呈珠串布局；也有的山寨布置在山沟内外或上下梯级形台地以及垂直向的狭长坡地，形成上下二部或三部，其间保持距离，也可有稀疏房舍衔接，联系较为密切，如雷山县南花苗寨。

（5）附生式。随着村寨的发展，寨周围已经没有基地可新建房屋，则在邻近派生出"卫星寨"，有的在多条溪谷交汇的坡面设大寨，在溪对面一侧设小寨，也有的在山腰曲折较大的坡面跨涧附生小寨。小寨一般不超过二个，如雷山县乌开大小寨。

（6）群集式。此种方式多为数百户以上的大寨，由若干小寨组合成更大的群体，经长期经营逐渐形成，各寨之间联系密切而又相对独立，有的以一寨或二寨为主，有的几寨并列不分主次，常常分据数个山头，或对峙，或毗连，如雷山县西江苗寨。

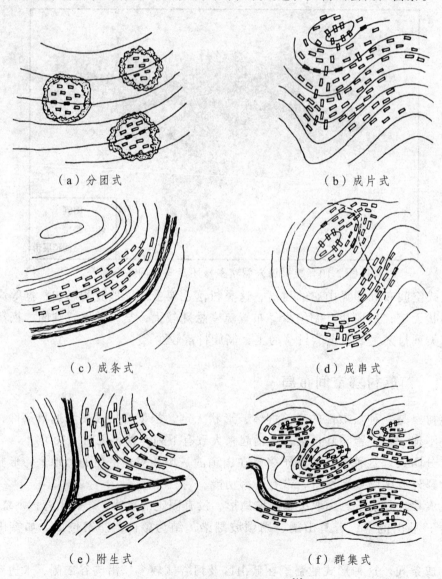

（a）分团式　　　　　　　　　　　　　（b）成片式

（c）成条式　　　　　　　　　　　　　（d）成串式

（e）附生式　　　　　　　　　　　　　（f）群集式

图 2.20　苗寨聚落布局方式[1]

1. 均质式空间布局

苗寨村寨内部空间一个明显特点就是其随机发散性，特别是山间高地型苗寨。究其原因，主要是受地形限制的影响，建筑多沿等高线布置，苗族建筑就不可能向平地上的村寨一样可以围绕某个中心来发展。苗寨内部空间随地形变化而变化，空间形态多样性能得以体现，如雷山县小开屯苗寨就是这种村寨的典型，该类村寨以家族聚族而居，往往依山而建，整个村寨沿等高线进行发展，与山体融为一体，没有铜鼓坪和芦笙场等公共空间（见图 2.21 和图 2.22）。

图 2.21　雷山县小开屯苗寨

图 2.22　雷山县小开屯苗寨卫星图

2. 团聚式空间布局

在苗寨内具有中心意义的点状空间便是铜鼓场和芦笙坪。一般来说，许多苗族村寨会围绕铜鼓坪或芦笙坪进行发展。以郎德上寨为例，从老寨到新寨的发展过程，主要是向老寨的两侧生长，呈带状分布，但村寨总体发展还是围绕铜鼓广场来发展，其铜鼓坪的广场空间处于一种围合状态（见图 2.23）；而南猛寨特点是：寨子上部向下发展，下部位于山顶向周边发展，两者结合部逐渐发展，加强二者之间的联系形成一个整体（见图 2.24）。报德寨基本在南向坡，由大寨组团向下发展，根据地形的情况分成了下寨和中寨多个组团（见图 2.25）。

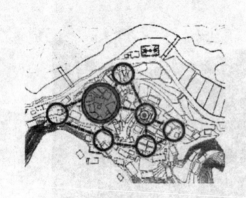
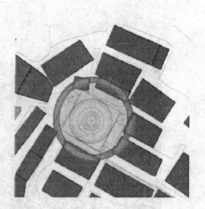

图 2.23 雷山县郎德上寨布局特点和核心空间[15]

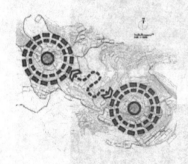
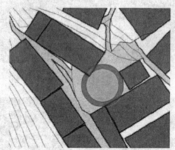
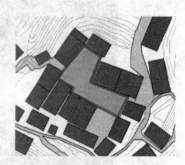

图 2.24 雷山县南猛寨布局特点和核心空间[15]

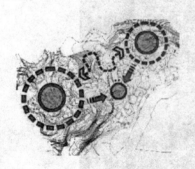

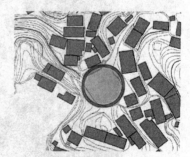

图 2.25 雷山县报德寨布局特点和核心空间[15]

2.4.2　侗族村寨空间布局

2.4.2.1　以鼓楼为核心的村寨布局

侗族村寨看似总体布局随意衍生，实则是侗族先民祖辈的经验智慧积累，精心理性的创造和设计结果。建筑随地形自由发展。由于村寨中建筑群和地形地貌契合完好，村寨自然形成了有序和极富韵律的风貌。村寨建筑层层叠叠，布局顺应地形，虽形态各异，但杂而不乱，充满情趣。

侗寨聚落形态的产生、发展与演变，是历史文化、社会生产、地理位置、经济发展等各个因素共同作用而成。其空间构成，基本属于向心型，和自给自足的劳动方式以及长期迁徙的历史有关。公共活动空间一般由围绕寨门、场坝、院落等构成。活动时围绕鼓楼和风雨桥进行，一般不到寨外。

侗族村寨由村寨的鼓楼和其周边环境组成，鼓楼是侗民聚会和娱乐的场所。中心空间一般由公共建筑和周边民居组成，所以平面没有固定的形式，或宽广或狭长，或连续或转折变化，如黎平肇兴大寨的四个中心空间形态各异，但都是周围村民经常活动的场所（见图 2.26）。

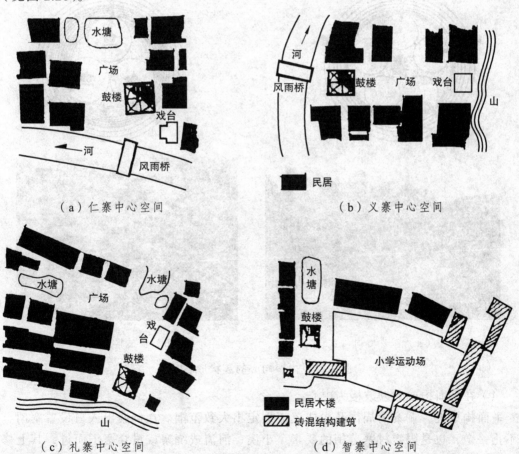

（a）仁寨中心空间　　　　　　　　　（b）义寨中心空间

（c）礼寨中心空间　　　　　　　　　（d）智寨中心空间

图 2.26　肇兴寨的中心空间[26]

2.4.2.2　以鼓楼为核心的村寨空间构成方式

侗族村寨由于选址不同，最后形成的村寨形式也各不相同。具体说来，群山环抱型的侗寨多有成组成团的趋势，沿河布置的侗寨多呈带状朝两边衍生，而随山就势型侗寨则受地形地势限制，其布局也随地形高低错落。然而，侗族村寨无论是哪种选址和形态，大多数都有一个共性，即前面提到的内聚向心性，这一共性直接影响着侗族村寨的布局与形态。这也是侗族村寨在布局和形态上和周边的水族、布依族、苗族不同的原因之一。竖立的鼓楼是村寨的中心，这个中心不一定是地理位置上的中心。村寨中其他建筑在高度上必须低于鼓楼，这样，从寨里寨外都能看到高耸的鼓楼。鼓楼也是侗族村寨的行政中心、宗法中心，它型制最高，装饰最为华丽，位置也最为显眼。侗族的大部分仪式、庆典都在此举行。除此，有些村寨中还会在鼓楼前修建整个寨中最大的水塘，以此凸显鼓楼的中心地位。

以鼓楼为中心，各要素围绕它而成，形成了内聚向心的簇状形态。侗族村寨形成的簇状形态又可依据鼓楼的数量不同分为单鼓楼向心式和多鼓楼向心式（见图 2.27）。

（a）单鼓楼向心式　　　　　　　　（b）多鼓楼向心式

图 2.27　内聚向心的簇状形态[26]

（1）在平面构成上以鼓楼为中心。

平面构成上，侗寨由周围丛山或溪流划定出大致范围。在侗寨出入口设置寨门，寨门不止一个，也是限定村寨范围的要素。小溪、河流或绕寨或贯穿寨子而过，其上修建风雨桥，风雨桥也是联系村寨内外的交通建筑，有时会和寨门合建。然后是寨中各类新建筑，民居随山就势修建，作为另一具有精神含义的萨坛或修建在村头寨尾抑或建在鼓楼旁边，与戏台、民居等共同构成村寨中心空间，鱼塘、禾晾散布其中。由于鼓楼的形制、形态、高度等都为侗寨建筑中的最高等级，所以各要素都以鼓楼为核心布局。寨内主干道建筑区或垂直于建筑群走势又或平行于等高线布置，各条小道则根据实际需求穿插在村寨之中。侗族村寨各类型元素高度统一在鼓楼之下，既特色鲜明，又和谐统一。

（2）在竖向空间上以鼓楼为中心。

鼓楼形态特征明晰，且伫立挺拔，在高度上就对整个村寨的其他建筑有一个统治作用。鼓楼周边建筑的高度远低于它，繁简程度更是不如。尤其鼓楼周边建筑还会在各方面极致朴素，对鼓楼起一个反衬作用。

总体而言，侗族村寨无论从平面构成还是竖向空间上，都围绕鼓楼而成，呈现出具有秩序化的、向内集聚、向外衍生的内聚向心空间。

2.4.2.3　以鼓楼为核心的中心空间特征解析

以鼓楼为核心的村寨中心空间是村寨中重要和特殊的空间场所，是村寨中全民共同生产、生活的动力，是整寨子中村民方向感、认同感、安全感的外在指引和物化表现。正是中心空间的存在，才使得整个村寨呈内聚型。

中心空间可以是抽象的空间场所形态，也可能具体物化到某一栋或几栋标志性的建筑上。中心空间的存在，可使人们更容易从看似无序的建筑布局中把握到内在秩序，使得村寨图示更具识别性。

1. 中心空间的构成方式

由于鼓楼建筑特殊的社会功能意义和其别具一格的形态特征，再加上人们对它的认同甚至是崇拜，所以在侗寨之中，中心空间一般是以鼓楼为核心，再辅以其他要素组合而成。中心空间的构成方式大致有以下几种：

（1）封闭的中心空间（见图 2.28）。

有的中心空间由鼓楼、戏台、住宅等围合而成，只能从建筑之间狭窄的缝隙进入其中，因此封闭感较强。围合的方式有可能是四面，如有的侗寨中心空间是由鼓楼和其三面的住宅建筑围合成的正四边形空间。而有的侗寨中心空间由鼓楼、住宅、水井以及坡地构成三面围合的空间，鼓楼正对开阔之地，住宅位于坡地之下，使在鼓楼建筑和鼓楼坪的位置上视线通透，更加突出了中心空间的重要地位。封闭的村寨空间可分为几个层次，如有的侗族的中心空间就是由三个规整的矩形空间组合构成的，共分两个层次：石阶踏步到鼓楼是入口空间，然后经过鼓楼进入鼓楼坪的封闭空间，这是第一层次；而后穿过戏台进入第二个以水为主体的封闭空间，这就是第二层次。

（2）开敞的中心空间（见图 2.29）。

中心空间除了以近距离的多个建筑紧密排列组合而成的封闭型空间以外，还存在开敞式的空间形式，就是说围合空间的建筑间隔较大，排列稀疏，空间的围合感弱。这种类型的中心空间一般不位于村寨的物理中心，而处在村寨边缘或接近边缘的地方。在黔东南州，有一些小的侗寨的鼓楼就设在和道路连接的进寨小路上，鼓楼坪与小路相结合，也使中心空间呈现一种开敞状态。封闭和开敞两种状态是相对而言的，有时会随着围合空间的建筑的变化而完成一种状态到另一种状态的转变。鼓楼前的围合空间一般会采用各种具有民俗风情的图案进行铺设，起进一步限定空间、强调空间的作用。除此之外，鼓楼前的围合空间也可以是水面，一来可以防火，二来与周围建筑虚实对比，柔化、美化环境。如从江县的增冲寨，其鼓楼前就是一矩形水塘。

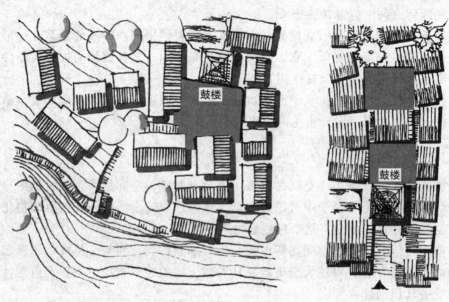

图 2.28　封闭的中心空间[26]

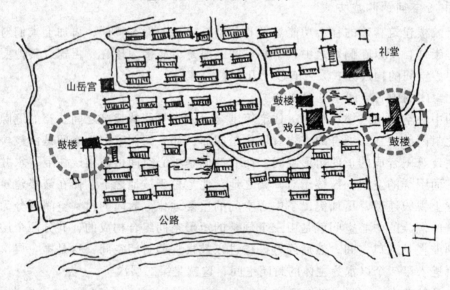

图 2.29　开敞的中心空间[26]

2. 中心空间的构成元素及组织方式

侗族村寨的中心空间有的由鼓楼、戏台及民居围合而成，这是比较简单的一种构成方式；有的中心空间还加入了萨坛、水塘以及景观长廊，形成了具有复合功能的空间，使其具有空间多意特征，也丰富了日常生活中的场景。中心空间的组成要素具有不同的组织方式，具体如下：

（1）有序的组织（见图 2.30）。

运用轴线引导、转折中心空间各组成要素能有效地建立起空间的秩序感。如八协侗寨，其中心空间的戏台、鼓楼、鼓楼广场、武庙依次沿轴线布置，因此，沿轴线方向就产生了秩序感。同时，八协鼓楼位于空间序列的端头，以其高耸挺拔的姿态成了轴线上的视觉焦点。在平铺寨，原有的中心空间因一场大火而被破坏，使得村民们对建筑防火重视起来。原有中心空间的部分建筑被拆除，重建了戏台，然后又因戏台两边的居民分属不同宗族而修建了两座鼓楼。轴线便以鼓楼、鼓楼广场、戏台、鼓楼广场、鼓楼的秩序组织空间序列。轴线在戏台处有细微的转折。戏台正前方是民居退让而形成的戏台广场。黎平县肇兴大寨智团的中心空间仍以轴线组织空间序列，从架空的住宅底层开始，经过风雨桥后空间转折，再经鼓楼、鼓楼坪、戏台，把各个要素串联在一起。由于建筑朝向关系，有方向变化的空间序列更加具有趣味性。

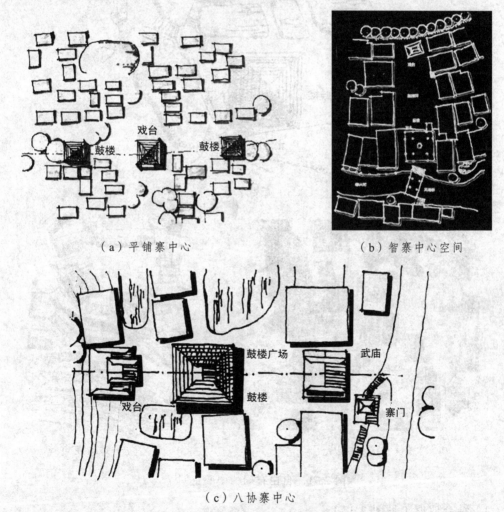

（a）平铺寨中心　　　　　　　　　　（b）智寨中心空间

（c）八协寨中心

图 2.30　有序组织的中心空间[26]

（2）自由布局（见图 2.31）。

相较有序的空间而言，自由布局的空间更具趣味性，并且气氛生动、轻松。岩寨就是一个典型的中心空间自由布局的例子，戏台和鼓楼被民居分开，形成了两个半开敞空间，空间层次丰富，形态自由，十分有趣。又如华炼侗寨，其中心空间的戏台和鼓楼也不在一条轴线之上，鼓楼前的广场形态自由、灵活，再由数级台阶联系河边空地和鼓楼广场，在竖向上形成了两个空间层次。黎平肇兴的堂安侗寨，中心空间综合了鼓楼、萨坛、水井、戏台、土地庙等元素。由起伏的路径组织不规则的鼓楼坪以及高差不同的水面及广场，在竖向上形成了四个空间层次，使得中心空间的空间感受非常丰富，在不同的视点就会有不同的视觉效果。

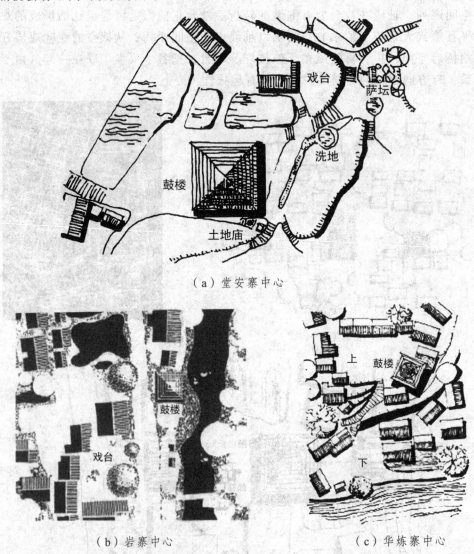

（a）堂安寨中心

（b）岩寨中心 （c）华炼寨中心

图 2.31 自由布局的中心空间[26]

（3）结合地形（见图 2.32）。

随山就势型和坐坡朝河型村寨，由于所处环境，村寨中心地势常会高低起伏。在这种情况下，侗寨会巧妙地利用地形高差来确定建筑的布局，从而获得独特的建筑布局和空间氛围。在取得高低错落的变化同时，也使景观环境变得更加具有层次。

　　比较常见的处理地形高差的方法就是把中心空间设在高处，然后架空鼓楼底层使其成为进入中心空间的通道，同时在前导空间辅以长长的石阶，使得视觉吸引力非常强烈。大田侗寨就采用的这种方式。在一些高差较大的村寨，鼓楼用地相对就会比较紧张，因此，很多村寨在遇到这种状况时就会在鼓楼的旁边修建一个开敞的长廊。经过处理后，在扩大中心空间的使用面积的基础上，还为人们的交流、娱乐、休息提供了更加方便舒适的环境。地处山顶之上的牙寨鼓楼，堪称这方面的杰作。在鼓楼的旁边修建一座八开间的观景长廊，观景长廊是架在九米下的高坎之上，进寨的道路正好设在观景长廊底部。这样一来就很好地解决了中心空间用地紧张的问题。观景长廊不仅是个宜人的场所，且视线开阔，可俯瞰全寨。平流寨的中心空间也用了同样的处理手法。

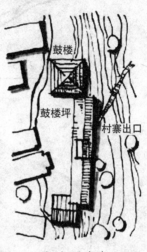

（a）大田寨中心　　　　　　　　　　（b）牙寨中心

图 2.32　结合地形的中心空间[26]

2.5　民族村寨外部空间

　　山、水、田、村是村落整体格局的主要构成要素。山是村落的屏障及山林资源的宝地。水空间可分为"点""块""线"空间："点"指的是寨中散布的泉井，"块"指的是寨中分布的大大小小或散布或连成一片的水塘，"线"指流淌在村内的泉水水系及河流。田是村落最主要的生产用地，往往在村头或村尾有大片农田，形成层层梯田风光。村是构筑在山、水间的人工环境。

　　综观黔东南州传统村落的选址，其村寨与山、水、农田之间的关系在自然环境的影响下大致可以分为五类布局：

　　第一类布局为村寨选址于农田与河流间，呈带状或组团状分布在河流一侧，这类村落种类最多，比较常见也最为典型的是"山—田—村—水"的格局（见图 2.33），如台江县交下新寨（见图 2.34）、雷山县陡寨村等。

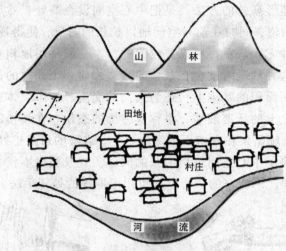

图 2.33 "山—田—村—水"的格局

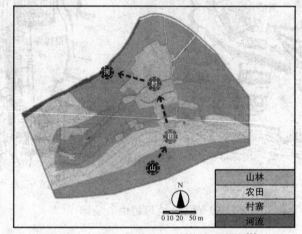

图 2.34 台江县交下新寨村寨布局[9]

第二类布局为村寨选址于山体与农田之间，河流居下，形成"山—村—田—水"的格局（见图 2.35），如凯里市季刀苗寨（见图 2.36）、黎平县平架村等。

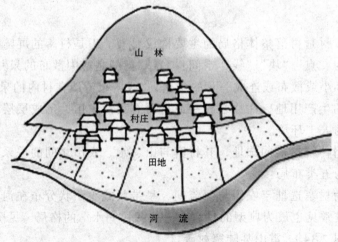

图 2.35 "山—村—田—水"的格局[22]

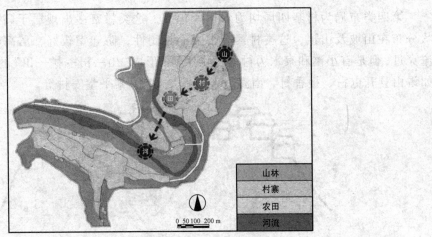

图 2.36　凯里市季刀苗寨村寨布局[9]

第三类布局为村寨选址于山体与河流之间，农田居下，形成"山—村—水—田"的格局（见图 2.37），如雷山县郎德上寨（见图 2.38）、新桥村、黎平述洞村、增冲村、从江下尧村、榕江八蒙村、台江县交包村等。

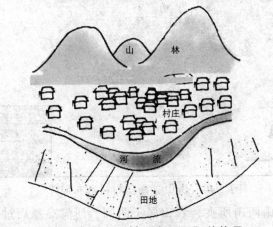

图 2.37　"山—村—水—田"的格局

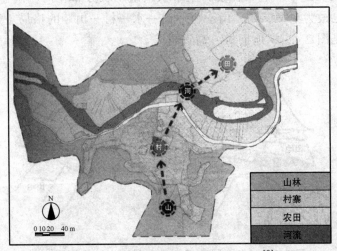

图 2.38　雷山县郎德上寨村寨布局[9]

　　第四类布局为村寨四周均为农田所包裹，这类村寨多出现居于高山的苗族，成组团状分布在山坡及山顶，这类村寨有很强的封闭性，防守型较好，居高临下，一般没有河流穿过，但是有小溪和泉水为村落提供水源，形成"山—田—村—田"的格局（见图2.39），如雷山县开屯村、提香村、南猛村（见图2.40）、黎平堂安村等。

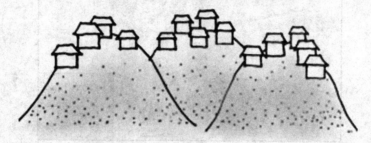

图 2.39 "山—田—村—田"的格局[22]

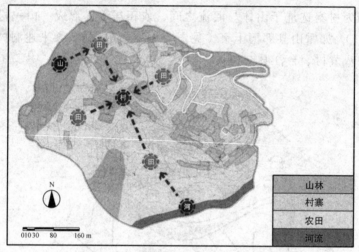

图 2.40 雷山县南猛村村寨布局[9]

　　第五类布局为村寨由两山所夹，农田居于两侧，河流穿寨而过，这类村寨多出现于位于盆地山谷等狭长地带的侗族村寨，呈带状或组团状分布在河流两边。这类村落种类最多，比较常见也最为典型，是"山—村—田—水—村—山"的格局（见图2.41），如黎平的肇兴侗寨（见图2.42）、地扪村、高寅村等。

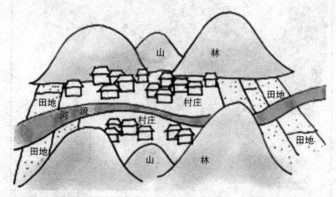

图 2.41 "山—村—田—水—村—山"的格局[22]

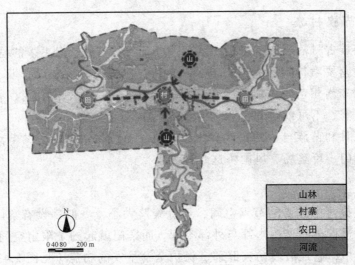

图 2.42　黎平肇兴侗寨村寨布局[9]

2.6　民族村寨内部空间

2.6.1　村落建筑空间构成

黔东南州的聚落建筑可以分为居住建筑、公共建筑和辅助建筑等，苗族村寨和侗族村寨的空间构成见表 2.3。

表 2.3　苗族村寨和侗族村寨的空间构成

类别			苗族村寨	侗族村寨
村寨建筑	建筑	公共建筑	寨门	寨门
			风雨桥	鼓楼
			亭子	风雨桥
			土地庙	萨堂、戏台
		居住建筑	吊脚楼	干栏式民居
		贮藏和附属建筑	粮仓	粮仓
			柴房	禾晾
			牲畜房	牲畜房
	户外空间	公共空间	鼓藏场	鼓楼坪
			芦笙场	踩歌堂
		交通空间	步道	步道
			大桥	大桥
水空间			水井	水塘
				水井
				河流

2.6.1.1　苗族村寨

黔东南州苗族古村落形态既有山间团状，也有河谷带状，但更多的是半山簇状形态。村落结构是由村落要素构架的。山、树、井、田、房、院、坪、渠、塘、路、桥等村落要素，构架了黔东南州苗族古村落特殊的村落网络结构，其中山、树、井、田、坪是苗族古村落安居立寨，不可或缺的生产生活要素。

由于山地条件和苗族自身的民族文化的影响，苗族聚落中的公共节点空间是十分有限的，主要有寨门、芦笙场、风雨桥这几种。

1. 寨门

寨门是苗族聚落中重要的节点空间，不管聚落大小，一般都设有寨门，现在的苗族聚落中没有寨墙进行分割聚落内部与外部空间，而寨门就起到了限定空间的作用；此外，在苗族人民心目中，它还有着防灾辟邪、保护全寨平安的功能（见图 2.43）。

图 2.43　苗族村寨寨门

寨门也常常作为苗族聚落中迎送宾客的场所，在这里，苗族居民会设置拦路酒和拦路歌迎接宾客的到来，也会唱分别歌表示对即将离去的客人的不舍。苗族聚落的寨门一般位于山脚或山腰入口处，形式多种多样，有用大树立于聚落口当作寨门的，也有用雕刻有图腾的木柱作为寨门的。其中门楼式的寨门形式是最常见的，也是最为正式的寨门表达形式。门楼式的寨门结构灵活，一般以三间四柱式居多，屋顶形式采用歇山式屋顶，条件较艰苦的聚落采用简单的坡屋顶并用山木树皮覆盖。在屋顶常采用石板制成的牛角作为装饰，这是苗族民族文化的象征，象征着他们的祖先蚩尤。此外，在寨门的侧间，常设有长椅供人休息，这也成了人们休息的重要场所。

2. 芦笙场

芦笙是苗族最古老的乐器，也是表达苗族人民之间感情的纽带。芦笙场作为承载苗族人们思想感情的重要节点空间就由此产生了。这里是聚落中最重要的聚会社交场所，每逢节日，整个聚落的人们聚集在此吹芦笙、跳芦笙舞，表达情感，进行社交活动（见图 2.44）。

芦笙场也叫作芦笙坪，一般设在山腰平台或山顶平台处，整体多因地形为不规则状，中心为一个圆形场地，以卵石铺成太阳的形状，形成一圈圈光芒，光芒向外发散，表达对太阳和光明的崇拜之情。苗族人对鱼也有特殊的崇拜之情，因此光晕之间常用大小相当的卵石镶嵌成"鱼"文骨，表达对鱼的尊敬。广场中心立有约 10～15 米的杉木柱，柱上雕刻有鸟、鱼、龙等苗族人民所信仰的图腾。芦笙场周围设有一圈长廊，提供了一个遮光避雨的休息平台。长廊形式与整个苗居形式统一，采用木结构的构架，歇山式屋顶。长廊内设有长椅，供人休息，节日之际，苗族人民就围着图腾柱欢歌起舞，活动之后苗族男女老少就在长廊内交流聚会。芦笙场往往是苗族聚落中象征着苗族文化精神的重要公共空间，它往往还和聚落中象征着保护聚落的风水林布置在一起，在朗德上寨，声笛坪旁是一个根据地形而修建的多层石砌台阶，在活动时供人休息，也连接了后方的风水林。

图 2.44　苗族村寨芦笙场

3. 风雨桥

风雨桥因其可遮风避雨而得名，苗族人民喜欢在风雨桥进行男女相亲活动，所以又叫花桥。由于苗族聚落多居于山中，所以并不是所以苗族聚落都有风雨桥，只有在有水流经过的苗族聚落会有风雨桥，如西江苗寨、朗德苗寨、季刀苗寨等。苗寨风雨桥架尺度不大，桥底不设桥墩，桥面用杉木板铺设，桥上架廊，廊上有向外挑出的座椅，与吊脚楼中的美人靠相呼应，桥柱上有很多表示苗族图腾信仰的装饰（见图 2.45）。

风雨桥成为河流通向聚落或是河流两岸聚落交流的重要通道，也成为苗族人民休闲聚会的重要场所，它既是一处建筑又是一个通道，既满足人们休闲的需求又，满足苗族人民的精神需求。

图 2.45　苗族村寨风雨桥

由此可见，虽然苗族聚落受到地形限制，公共节点空间是十分有限的，但是这些有限的节点空间都各自起到了重要作用。寨门的节点空间限定了聚落范围，在入口处给人一种进入空间的聚合感；通过道路系统，到达芦笙坪这个聚会社交最大的节点空间，视野放大，空间开阔，形成完整的空间序列，整个过程给人"收缩—开敞—均值"的感觉，十分富有韵律感和节奏感。

2.6.1.2　侗族村寨

生活于西南山区的侗族是一个以水稻耕作和山林造伐为生的民族。侗家人很少单家独户居住，都是十几户、几十户，甚至几百户、上千户聚居在一起，组成农耕社会中传统意义上的典型村落。像著名侗寨肇兴、车江、平秋、小广、程阳等，都是几百上千户侗家人聚居在一起，构成大型侗族村落。侗族村落的大与小，人口的多与少，是由其生存空间决定的，是由侗族生存生活所依托的自然环境所决定的。

侗族村落既包括一般狭义上所理解的村寨，即居住的核心区，也包括环绕村寨的其他生活设备，即与侗族人的生存、生活相关联的整个人文环境。在侗族地区，村寨是一个涵盖广阔的地理空间，它是和整个大自然连在一起的。也就是说，村寨是大自然的一部分，是属于大自然的。山林、田畴、道路、水井、鱼塘、风景林、凉亭、坟场、晒场、歌场、斗牛场、款场、禾晾等，都属于村寨，是村寨的有机组成部分。

1. 凉亭

在寨边、大道小路边、山冲水井边、通风坳口上，每隔十里八里，便建有一座凉亭，专供行人歇息之用。凉亭多用杉木建造，现也有用砖木结构的，大小不等，形式不一，有的用青瓦覆顶，有的用杉木皮盖顶，有的凉亭还绘制有花草和飞禽走兽图案，或书"风调雨顺、国泰民安"等文字，以表吉利。凉亭，是侗寨的公益设施，都是由村民自筹资金、投工献料修建起来的。有的凉亭边竖着石碑，刻有建造时间、建造人和捐款人名及款额。年长月久，风雨侵蚀，凉亭若有损坏，便有人主动献工献料将其修复。有的老年人乐善好施，将自己编织的草鞋及自己种植的烤烟叶挂在亭内，供路人使用。

2. 寨门

侗寨寨门位于进寨的路口上，小的村寨开一个寨门出入，大的村寨开二个、三个或更多的寨门出入。如省级侗族生态博物馆——黎平县堂安寨就有九条出入寨子的路，九个路口都建有寨门。寨门门楼具有多种功能：其一是防御外敌入侵；其二是防止家禽畜外出破坏庄稼；其三是作为迎宾送客的场所。

侗寨门楼框架一般为四柱，也有六柱、八柱的；有独立于寨边的，也有与鼓楼或风雨桥连接建造的。楼顶有两坡顶、歇山顶、攒尖顶等形式，楼顶下还有蜂窝拱装饰。大门一般为两扇，其余部分用木板嵌装，也有的寨门无门扇，这种寨门只有象征意义。在门柱、门板或门壁上，有的刻楹联，有的雕龙绘凤，以示吉利。门楼前的地面装饰，也十分讲究，一般用圆、方形青石镶嵌，石板上刻有图案。寨门通向寨子的道路，多用鹅卵石铺成花街或用石板铺成，晴天无灰、雨天无积水，利于行走。寨门装饰如此讲究，是因为侗族人民将它视为寨子的"打门锤"而已（见图 2.46）。

图 2.46　侗寨寨门

3. 鼓楼

鼓楼，是侗族地区，尤其南侗地区侗族村寨最重要的建筑和标志，是侗族历史上政治、经济、文化、艺术、社交、育人等活动的中心（见图 2.47）。它包含着众多的文化内涵，是侗族文化的载体，有着丰富深厚的文化意义和功能意义，是侗族人民聚众议事的地方，是侗族政治活动的中心，是侗族人民祭祀、庆丰收、迎宾送客的地方。

贵州的侗族鼓楼主要集中于黎平、从江、榕江三县，据不完全统计存有 300 座之多（包括历代建筑的单层、简易鼓楼），现存的多层鼓楼有 180 余座。侗族喜聚居，几座鼓楼代表几个大族姓，也有几姓共建，但常分姓而建。小些的村寨只有一个姓，便合力只建一座鼓楼，因而寨中只有一座鼓楼。大些的村寨中除了"众人姓"以外，还有数个"内姓"，通常有实力、有规模的"内姓"会单独建造一座鼓楼，也有数个"内姓"合力而建的。所以大些的村寨中鼓楼往往不止一个。

图 2.47　侗寨鼓楼

侗寨本身因山就势而建，因水临溪而筑，构成了多层次立体的空间布局，在密集的民居建筑群中，仍辟出有限的空地建鼓楼，形成构图中心。鼓楼如出水芙蓉开在吊脚楼群之上，宝塔式的造型拔地高耸，俯视全寨，更加丰富了总体轮廓，人们看到鼓楼就意味着进入侗乡。作为侗寨标志，其功能和含义大不同于汉族之鼓楼，它有广泛的意义与特点。

4. 风雨桥

在侗乡村寨，既能作为侗族标志又能集侗族建筑艺术于一体的村寨公共建筑，除了鼓楼以外，还有风雨桥（见图 2.48）。风雨桥又称廊桥（桥上有廊而得名）、花桥（装饰华丽而得名），它是上为长廊、下为桥墩的木桥横跨溪河之上的交通建筑。风雨桥不仅为侗族村民在山溪涧提供较为安全方便的通道，同时也是人们平时在此休息交往的空间。风雨桥由桥顶、桥面、石桥墩组成。桥顶形式多样，有简洁的两坡屋顶，有秀美的两坡重檐屋顶，更有装饰意味浓郁的重檐歇山或重檐攒尖配合两坡屋顶。总之侗民们总是绞尽脑汁、费尽心思地要把自己村寨的风雨桥装扮得与众不同。

风雨桥常常建在寨头村脚的河水之上，有的风雨桥也建在陆地坑洼处，称为"干桥"，它同寨门一样成为村寨地域空间界定的标志。有的风雨桥同寨门相连建造，发挥着寨门的作用；有的风雨桥建在鼓楼旁的小溪流上，和鼓楼一起组合成村寨的中心交往空间，如肇兴的仁、义、礼寨的风雨桥均配合各寨的鼓楼和戏台而建，组合形成了各"团"、寨的中心空间。风雨桥就其功能特点来说具有一定的中心意义，是村寨中仅次于鼓楼的副中心。

侗乡长廊阁宇式的风雨桥横躺于寨头村脚的溪流河水之上，原本是为过客提供一个休憩驻足的休息空间，慢慢地演变为多功能、多用途的交际空间，成为侗族男女老少交流感情、邻里交往及人与"小社会"的联结点。平日村寨老少在此嬉戏游玩；节日期间，各寨的大、小芦笙队在此比赛；若逢宾客来临侗家老少妇孺盛装云集桥上，唱拦客歌、饮敬客酒，构成生动的侗家生活场景，比起鼓楼的相对严肃的宗法氛围来，这里的气氛是轻松、热烈、自由、舒适的。风雨桥上那充满民族传统特色的集市场会比城市中现代化市场、购物中心更具有地域性特点。场会上的摊位、货柜以及许多极具乡土气息的货物，组合成一道绝妙的风景，形成一条具有民族色彩的商业步行街。

图 2.48　侗寨风雨桥

5. 祖母堂和萨坛

"萨"在侗语意为"祖母"或"圣祖母"的意思，是侗家崇拜的女英雄，又称"萨玛"，传说中她曾多次率领侗民抵御外侵，最后战死在战场上，并用生命换来侗族保寨保族的胜利。因此侗族人民世代传颂她的故事，在每年农历正月初一至初七以祭"萨"的形式缅怀，祖母堂或萨坛就是侗族举行祭祀活动的场所。在祭"萨"时，由全寨辈分最高、年纪最大的老人主持仪式，当他向"祖母"敬完"祖母茶"后，便率全寨老少来到鼓楼前的广场鼓楼坪上，大家围成圈载歌载舞，用歌声来赞颂"祖母"，以表示无尽的怀念。除此以外，寨内每举行重大的内外活动，如出征抗敌、联盟结款前都要在祖母堂或萨坛前祭祀。萨坛通常有三种形式：

（1）树王形式：在一些侗寨中，将村头寨尾的古树巨木尊为树王，视其为萨玛的居住地，在树前进行祭"萨"仪式。这是将祖先崇拜与原始信仰中"万物有灵"观念——树神崇拜融为一体的原始崇拜。

（2）圆坛形式（见图 2.49）：圆坛大多位于侗寨进出口的空地或寨内中心广场，称为"坪萨"；或设于"得风藏水"的山岗上，称为"岗萨"；或设于风景胜地及河川田坝中央，称为"片萨。

图 2.49　圆坛萨坛

（3）建筑形式：这是一种内置萨玛神位的小屋，大多建在鼓楼旁，称为"祖母堂"（见图 2.50）。建筑形式多简陋，不及鼓楼奢华，也不像其他民族的宗教建筑那样形体显赫。黎平肇兴寨的祖母堂，位于智寨鼓楼后的高约两米的坡地上，建筑形式较为简单，为一砖砌两坡顶的单层建筑，外墙刷白。祭祖厅中央有一圆丘形神坛，顶部正中夹竖一大石桩，周围竖十二根小石桩，成一"众星拱月"之势，似作以"萨天巴"为中心的十三位女神；大石桩上撑一把半开的紫色的油纸伞，谓之"撑天伞"，有庇荫子孙之意。

图 2.50　建筑式萨坛

2.6.2　村落巷道肌理

道路与街巷是村落空间格局的重要因素，一个聚落的街巷系统空间是根据历史发展逐渐完善的，一个发展完善的聚落，其街巷系统大致可分为三级：第一级是与外界联系的交通空间，路面较宽；第二级为进寨以后居民的主要步行空间；第三级为主干道分支到达每个居住建筑的次要步行空间，此级步行空间较狭窄且零散（见图 2.51）。

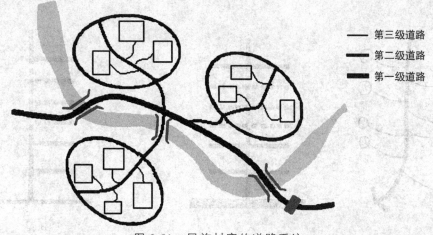

图 2.51　民族村寨的道路系统

2.6.2.1　巷道与地形的关系

苗族、侗族传统村落中的道路在多数情况下是房屋先行，待房屋建成之后，再由人们惯常的足迹踏出道路，没有固定的模式，以方便实用、结合环境为主。由于黔东南州传统村落大多坐落于地形起伏较大的山坡之上，建筑通常会顺着等高线呈梯级排列，巷道与地形的各种关联方式决定了其布置形式。其布置方式主要有以下三种：巷道空间平行于等高线、巷道空间垂直于等高线、巷道空间斜交等高线。其中平行等高线的横向道路常有一种"半边街"的布局（见图 2.52）。

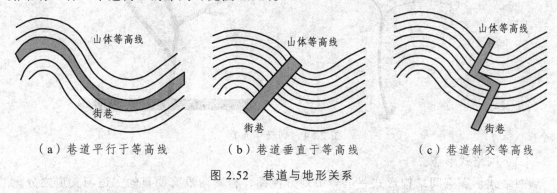

（a）巷道平行于等高线　　　　（b）巷道垂直于等高线　　　　（c）巷道斜交等高线

图 2.52　巷道与地形关系

2.6.2.2　巷道空间的结构形式

从村寨路径分析中可得出三种主要形态：鱼骨型、树枝型和网络型。鱼骨型通常出现在河边村的傍山阶地型和部分山村中，树枝型通常出现在山村中山腰片状聚落中，蛛网型通常出现在河边村的低缓平滩型及平地村。不管是哪种形态的道路都是在尽量少地破坏当地地形地貌的前提下顺应变化，与自然聚落和谐共生。

（1）鱼骨型形态。

鱼骨型形态村寨，其内院落建筑多成线型布置，山体等高线分布规则，从村寨主路分出规律的支路到达各个组团或院落。村寨类型多为乡道过境山村或水边村。村寨发展趋势受主要道路影响较大，发展空间沿过境村道两侧（A 型）或一侧（B 型）展开（见图 2.53）。

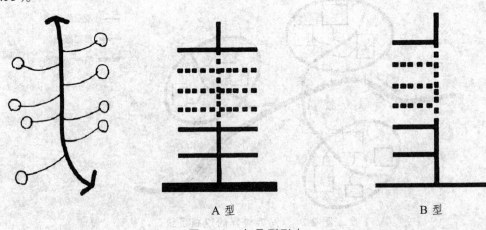

A 型　　　　　　　　　　　B 型

图 2.53　鱼骨型形态

（2）树枝型形态。

树枝型形态街巷等级层次分明，树枝型形态的街巷空间通常由一条主道、支道和节点组成，主道作为村寨内部唯一一条的主要道路向外衍生出众多的支道并连接各节点，因此树形结构形式是典型的"点—线"型结构（见图 2.54）。

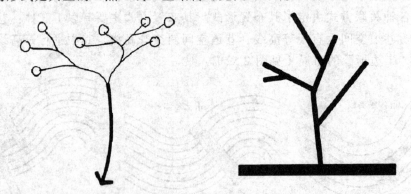

图 2.54　树枝型形态

（3）网络式形态。

网络式形态空间结构形式巷道等级划分模糊，村寨内没有明显的主道与支道之分，各街、道空间相互交织将村寨划分成各区，区坊大小不一。网络式街巷空间结构布局灵活能适应不同地形限制。如增冲侗寨，其村寨临河而建，村寨内部街巷空间肌理与周边农田肌理一致，呈自由网络形式，街与巷之间并没有明显的等级层次而形成自由网络形式（见图 2.55）。

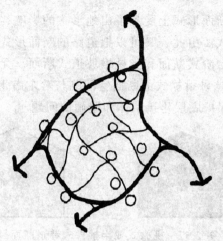

图 2.55　网络式形态

2.6.2.3　街巷节点空间

苗族、侗族传统村落中的街巷节点空间包括道路尽端、转折或相交的部位，以及因地形变化或建筑进退而产生的小型开放空间。苗族传统村落的街巷尺度较为紧凑，大多数街巷节点空间仅为通过性交通空间，而当街巷与周边结合形成一定尺度的开放空间时，就会起到聚集人群、产生交往的作用。由于苗族传统村落中专门的公共交往空间不多，这类街巷节点空间成为居民交流的重要场所，并在此引发一系列的公共活动。

传统村落的街巷节点空间平面形式主要呈现"Y"字形、"十"字形、"X"字形、"T"字形四种（见图 2.56），其中"Y"字形节点空间在苗族村落中最为常见，既可以适应山地复杂的地形，又易于结合周边空地形成较大的面状空间，提供聚集和停留的场所；"十"字形节点多是由"Y"字形转化而成，在村落内部出现，也容易形成较大的节点空间。

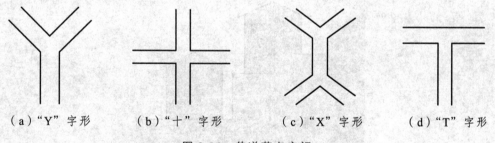

（a）"Y"字形　　　（b）"十"字形　　　（c）"X"字形　　　（d）"T"字形

图 2.56　巷道节点空间

2.6.2.4　巷道空间断面形态

在黔东南州，民族村寨街巷空间的断面形式都是一致的，即挑檐式或半挑檐式巷道断面、吊脚楼式断面、梯田河岸式断面、街廊式滨水断面四种基本类型。这四种基本的断面形式的变化，也体现出了黔东南州民族村寨街巷空间系统基本的线性空间特征。

（1）挑檐式或半挑檐式巷道断面。

挑檐式或半挑檐式街巷断面是指街巷两侧建筑屋顶全部挑檐或只有一侧有建筑形式（见图 2.57）。

黔东南州巷道空间在断面形式上受到了山地形式的影响，在处理时，巷道断面上会有台阶式和坡道式两种方式。由此，又可以把道路的断面形式细分为挑檐坡道式断面、挑檐台阶式断面、半挑檐台阶式断面和半挑檐坡道式断面。无论何种形式的巷道挑檐，挑檐宽度都在 1 ~ 1.2 米。这种挑檐式的断面空间既与黔东南州夏季多雨的气候特征相适应，也解决了建筑排水、保护底层建筑墙体和避雨的问题。

图 2.57　挑檐式或半挑檐式巷道断面

在侗族村寨，由于侗族干栏式建筑有逐层特点，所以在侗族村寨挑檐式巷道空间断面和苗族村寨有所不同，是一种挑檐式+逐层出挑式街道空间断面形式。

挑檐式+逐层出挑式街道断面是指在侗寨内临街建筑由二层开始逐层出挑一定宽度而形成"凸"字形空间形式。

（2）吊脚楼式断面。

由于吊脚楼建筑的特殊性，使得聚落中很多巷道空间也有了根据吊脚楼而产生的特殊性。位于吊脚楼下方的道路断面形式就是由吊脚楼中的吊脚柱和周边其他元素所构成。吊脚柱有不同的高度，吊脚柱支撑出的建筑挑檐部分也有大有小，这就使行走在吊脚楼下的趣味大大增加，可以体验不同的吊脚楼下的空间形式（见图 2.58）。

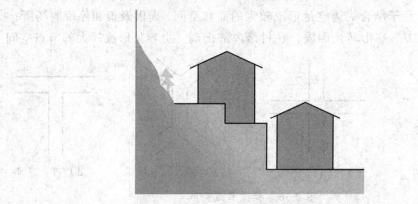

图 2.58　吊脚楼式断面

（3）梯田河岸式断面。

在黔东南州民族村寨聚落中也有些巷道是没有与建筑相连，而与其他环境要素相连接的，如临梯田的巷道和临河的巷道（见图 2.59）。对于苗族村寨来说，大多在居住地旁或者居住地周边进行稻作农事活动，所以这里的道路是与梯田相邻的。对于侗族村寨来说，道路往往是与河道相邻。

（4）街廊式滨水断面。

滨水建筑一般底层后退 1.2 米左右的宽度，即后退到金柱的地方，檐柱落地形成一个由檐柱界定而形成的滨水廊道空间，二层及二层以上的界面与普通街巷空间界面一致（见图 2.60）。从空间断面角度看，滨水空间断面与街巷空间断面都是凸字形空间，但是滨水廊道空间底层从檐柱开始向金柱后退形成一个灰空间，因此在断面上，滨河空间建筑二层建筑出挑宽度比街巷建筑宽 1.2 米左右。

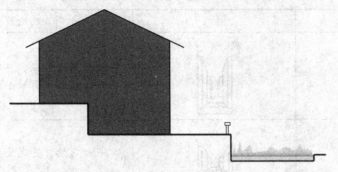

图 2.59　梯田河岸式断面

滨水廊道空间在黔东南州侗族村寨是一种比较独特的空间形式，在廊道的外侧一般设置一条横向的木凳或者直接在檐柱之间架设一块横向的木板供侗民日常休息，另外滨水廊道空间也是侗寨内部滨水主要的交通通道，临水一侧侗居建筑主要出入口也设置在滨水廊道上。

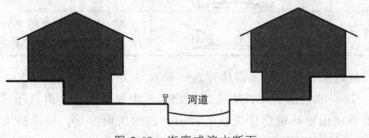

图 2.60　街廊式滨水断面

2.6.2.5　巷道空间的尺度

巷道空间是人们生活劳作的重要场所，巷道的尺度往往能影响人们的心理感受，是空间品质的重要因素。与城市中的大尺度街道截然不同，黔东南民族聚落中的巷道空间往往能在视觉上和空间上给人亲切感和舒适感。这与巷道宽度与建筑立面的高度之间的比例、山地地形等因素有关；也反映出了黔东南人民朴素传统的生活方式。

（1）巷道的尺度：黔东南民族聚落中的巷道大多比较狭窄，联系各家各户的巷道大多在 2~3 米，这是由黔东南民族聚落所处特殊的山地所影响的，加上聚落房屋布局紧凑，使得道路空间更加狭小。很多住宅之间的巷道甚至只有 0.5 米。

（2）巷道尺度与人的行为：巷道的尺度往往能影响人在其中的交往活动。日本学者卢原义信以人的视域范围约呈 60 度角圆锥状这一特点为依据，对街道空间进行了系统研究。他提出人在街道空间中的活动受到街巷的宽度与建筑高度的影响，即 D/H（道路宽度/建筑高度）的比例关系：当这个比例等于 1 时，人们在街道中能有安定之感，街道空间呈内聚状；当这个比例小于 1 时，空间会有压抑之感，且随着这个比例的减小，这种压抑感会逐渐加强；当比例大于 1 时，人们会有方便活动之感，围合感和亲切感也随着这个比例的增加而逐渐减弱；当这个比例大于 3 时，给人则是一种空旷感，建筑间距大且空间向外延伸（见表 2.4）。

表 2.4　D/H 比值与人的心理感受的关系

D/H 的比值	图示	人的心理反应
D/H <1		视线被高度收束，内聚感强烈，有一定亲切感，随着比例减小逐渐产生压抑感
D/H =1		有一种内聚，安定又不至于压抑的感觉
D/H =2		仍能产生一种内聚，向心的空间而不致产生排斥离散的感觉
D/H =3		会产生两实体排斥，空间离散的感觉
D/H 继续增大		空旷、迷失或冷漠的感觉就会相应增加，从而失去空间围合感和封闭感

　　黔东南州民族村寨聚落内，吊脚楼建筑一般有 3 层，通路一般宽 1.5 ~ 2.5 米，D/H 比值在 1 以下，这样的巷道空间视线被高度收束，内聚感强烈。但它却没给人压抑感，这是因为这里特殊的山地环境会让视线随着山地的起伏而变化，视线被束缚感也就减弱了（见图 2.61）。此外，还有一些不到半米的十分狭小的道路，这样的巷道往往给人一种强烈的压抑感，人们在这样的空间中往往只是短暂停留或是堆放物件。

图 2.61　巷道空间

除了 D/H 的比值外，山地地形也能影响巷道空间给人的感受及人的活动。由于巷道多沿山而建，不同高差的建筑和巷道之间形成了很多堡坎，这些堡坎有比较自然形式的，也有纯人工用石材堆砌的。但不管是哪种，都为巷道空间提供了一个天然屏障，形成了建筑—巷道—堡坎之间一个独特的空间（见图 2.61）。虽然尺度不大，但人们会感觉十分安全舒适。

2.6.2.6　巷道的界面

界面是一种承载空间形态的物质要素，有着围合空间、限定空间的作用。实际巷道中有侧界面和底界面这两个界面向度。在黔东南民族聚落的巷道空间中，侧界面是指围合巷道的建筑立面、堡坎、自然坡地等要素；底界面则包括地形特征、地面铺装等要素。

1. 底界面

铺装形式是组成巷道底界面最主要的因素。巷道形式有平地、坡道和台阶这三种，而不管是哪一种，路面的铺装都类似。在黔东南聚落巷道中，地面的铺装材料主要有卵石和石板，这些都是本地的乡土石材，经由人工打磨后进行铺设。和机械化的生产的铺装材料不同，这里石板的大小各不相同，砌缝的宽窄也多种多样。虽然铺装材料种类较少，但路面并不单调。黔东南民族喜欢在路面上铺设一些纹样如太阳、鸟类、蝴蝶等，这些与黔东南民族独特的图腾崇拜有关（见图 2.62）。

图 2.62　黔东南民族村寨地面

对传统村落街巷空间底界面的分析，主要以街巷路面的铺地材料、高差变化等作为对象。古朴的石板路与现代水泥路会让人对街巷空间产生不一样的体验；高低起伏的变化比平坦大道更容易让人记住。

（1）铺地材料。

黔东南传统村落街巷大多采用当地盛产的青石板、岩石等铺砌，铺砌方式丰富，一般以顺铺为主，遇到坡度大的路面时其铺砌方式多以四、五块青石板堆叠形成踏步，有浑然天成之趣，体现出鲜明的地域特色。

（2）高低变化。

村落空间形态的形成与等高线息息相关，村落街巷的底界面也因为高低变化的地形丰富起来，蜿蜒起伏的街巷使人们在行进过程中不断变化眼前的风景，不仅避免了一览无余的单调乏味，还增加了空间的引导性和趣味性。一般来说坡道用于解决坡度较缓的地段，台阶则用在较陡的地段，但实际上由于地形条件复杂，台阶和坡道经常混合使用，进而产生更加丰富的空间层次（见图2.63）。

图2.63　黔东南民族村寨街巷

（3）排水系统。

黔东南民族村落的排水系统因地制宜，设置简单，大部分以明沟的形式存在，设置在街巷一侧，根据当地降雨量的大小和距离河流远近的不同，沟渠设置的宽窄、深浅不一，宽度一般为15～40厘米，深度为30～60厘米。部分村落在道路正下方设置暗渠，雨水利用青石板间隙流入暗渠，暗渠比明沟宽，一般为30～60厘米，而深度变化较大，为50～150厘米（见图2.64）。

图2.64　黔东南民族村寨排水沟

2. 侧界面

侧界面主要由建筑的立面形式决定。黔东南民族建筑一般呈"三段式"的特征，这与黔东南民族建筑特有的功能布局形式有关。第一段为建筑底层，大多建筑底层与独特的吊脚形式结合成为生产活动层，这就形成了第一段为吊脚式的风格。在实际建设中，很多民居还把底层用土石堆置夯实，稳定围合底层空间。第二段为建筑居住层，一般用竖向的木板围合而成，与木结构的框架相统一，给予界面一种向上的纵深感。很多建筑中还有独特的"美人靠"或宽廊，丰富了立面形式。第三段为建筑阁楼和屋檐，黔东南建筑阁楼一般不设隔板，方便通风，建筑屋顶是以瓦片构成的挑檐式屋顶。建筑立面所用的材质依次是石材、木材、青瓦，这给人一种回归自然的朴实感（见图 2.65）。

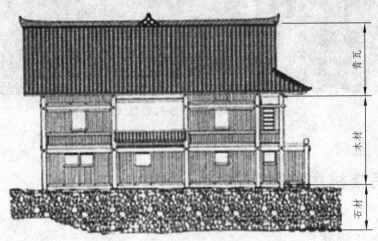

图 2.65　三段式的巷道侧界面[16]

　　街道空间的形成，有赖于沿街界面的围合和界定。在黔东南传统村落的街巷空间中，街道空间有虚实界面之分，建筑立面或院落围墙围合而成的，也有由挡土墙围合而成的，还有由溪流、农田等围合而成的，形成的围合立面多样而又统一，和谐而不单调，让人深切体会到山村质朴的美感。

　　（1）建筑墙体。

　　建筑墙体使用的材料多样，构成了丰富的街巷侧界面，建筑立面的组成部分包括基础、墙面和屋檐三个部分，三者之间用料区分明显，基础采用当地石材做垫层，墙面采用砖块（石砖、土砖）、木板等，屋檐则是木头及瓦片。无论是建筑墙体还是院落围墙，由于建筑材料在肌理、色彩、质感上的协调统一，使街巷界面保持了连续性和统一感，自然而然地产生了"虽为人作，宛自天开"的效果，平添了不少空间趣味。

　　（2）挡土墙。

　　挡土墙是山地村落街巷侧界面必不可少的构成要素。挡土墙在黔东南民族村落的主要功能在于建筑基础找平和防止山体滑坡，多用石材堆叠，绝大部分采取横铺石板的方式，大小不一的石块在层层堆叠后形成牢固、平整的挡护墙体，少部分采用竖向堆叠石板的方式，石板之间以较窄的界面垂直叠压，构成了独特的侧界面形式（见图 2.66）。村寨中挡土墙组成的街巷界面，不仅是围合街巷空间的一部分，更成了黔东南民族村落独特景观的重要组成部分，极大地提高了黔东南民族村落街巷的识别度。

图 2.66 黔东南民族村寨挡土墙

2.7 民族村寨典型案例

2.7.1 南江侗寨

南江村属于中国第二批传统村落名录，位于水口镇西北部，距镇驻地 7 千米，村域面积 8.68 平方千米，村庄占地面积 189 亩（1 亩≈666.67 平方米），它是七佰南江的中心。据说南江人的祖先石满崇（江西人）洪武二年（1369 年）五月，进军黎平、古州平兵变，举家迁到黎平潭溪落脚安居，后来见南江河鱼多水美，又迁到"三告"定居，也就是现在的南江驻地。

2.7.1.1 村落自然环境

南江村现共有 3 个自然寨，12 个村民小组，314 户，共 1 442 人，耕地面积 666 亩，其鸟瞰图如图 2.67 所示。

南江村所处之地海拔 461 米，四面环山，山多地少，坡度都在 25°以上，少有地质灾害和水灾。气候温暖潮湿，年降雨量 1 100 毫米，年平均气温 16.4 ℃，冬季年均最低温 -1 ℃，持续时间很短，夏季湿热，年均最高温 37 ℃。村落山环水绕有丰富的山产水产资源，山上有杉木、竹子、茶树、折耳根，南江河穿村而过，南江河上到南江各支流源头，下到都柳江的洋溪、高安境内河段的"八敲"，较大支流 8 条，年产水量 2.7 亿立方米，年均流量 8.56 立方米每秒，多年平均径流量为 3.629 亿立方米，河水里有鱼、虾、泥鳅和田螺。

图 2.67　南江村鸟瞰图[22]

2.7.1.2　村落格局

南江侗寨坐落在平坦的山坳中，四面环山，村中南江河呈"3"字形由北向南穿村而过，将村子分为三个组团（岑烂、岑吾、高寨），每个组团都面向河流顺等高线布置。在村入口河流拐弯处的几凸山上。各寨的林地皆是依靠在寨子的身后绵延，田地位于村寨坐拥的山下平地，沿河岸和山体分布在村头寨尾，三个寨子是典型的背山面水格局。组团内部皆呈各自以鼓楼及其活动场地为中心的布局，组团之间通过木桥连接，部分路段被河流淹没需蹚水而过。村落中心的山坡上建有村委会、卫生室和一栋废弃的老乡政府。村落现状格局如图 2.68 和 2.69 所示。

2.7.1.3　村落的空间构成要素

南江村的自然环境和人工环境的构成要素可以具化为水系、山地、生产空间（包括农田、鱼塘等）、道路交通空间、公共活动空间、民居空间。

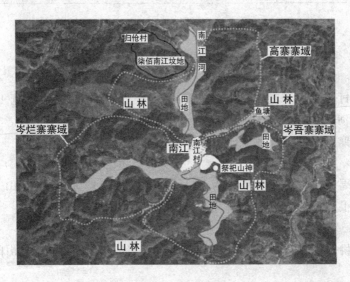

（a）分布图

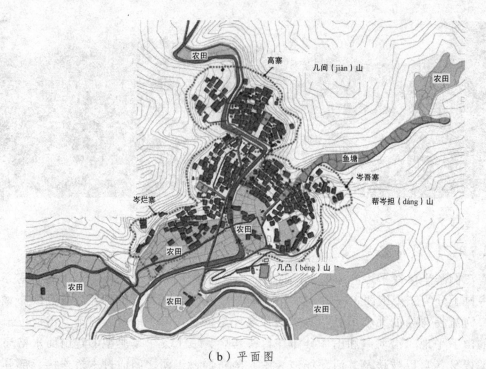

（b）平面图

图 2.68　南江村空间分布图和平面图[22]

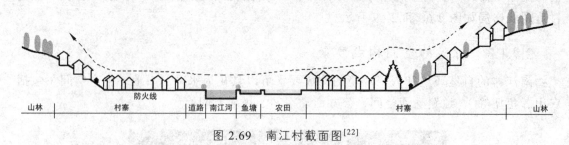

图 2.69　南江村截面图[22]

1. 水系、山地、生产空间（包括农田、鱼塘等）

（1）水系。

南江河南江村段发源于南江村北部的务孖村，下入都柳江，河床宽 10 米左右，水深 0.4 ~ 2 米；金抗河发源于金抗村，水流量很小，河床只有 1 米宽左右。村落周边的山上有 8 条山泉水汇聚至南江河（见图 2.70）。

（2）山地。

村落组团四周环山，山体的高度为 70 ~ 150 米，坡度均大于 25°，山上郁郁葱葱布满杉树和竹林，有很多古树，生态环境良好，为村落提供优美的布景。

（3）农田。

南江村持有耕地面积 666 亩，村庄周边的耕地分布在组团向外的山间平坝上，呈窄长放射型状态。

（4）鱼塘。

鱼塘集中分布在帮岑担山和几间山之间、岑吾寨后面的山坳中，几乎每家都有一块。

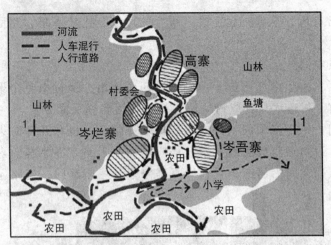

图 2.70　南江村水系、山地、生产空间[22]

2. 道路交通

村落现状道路层级分为村落主干道（人车混行）、村落组团路（人行）、宅前道路（人行）和道路节点，所有道路除了组团内的宅前道路被水泥硬化外其余都为土质路面。道路节点有寨门、木桥（见图 2.71）。

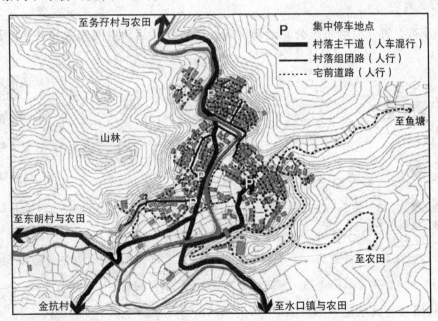

图 2.71　南江村道路交通图[22]

（1）主干道。

主干道为从水口镇到南江村的道路、南江—东朗和南江—金抗的道路，这条路修于 2014 年，路宽 3 米左右；入寨道路是村民为了寨内能通车，自己修建的，宽约 3 米。

（2）人行道路。

人行道路分为宅前道路和组团级道路。组团级道路一般结合防火线设置，硬质路面宽 2 米左右；宅前小路一般是联排房屋房前屋后的小巷道，路面一般宽 1～2 米，空间很窄小，两侧屋顶常有屋顶连到一起，甚至重叠的现象，比较昏暗，路面都做过水泥硬化处理。

（3）道路节点空间。

村落入口空间：由于南江村位于山坳里，四面环山，绕过山整个聚落随地形在山谷间展开呈现在眼前。村落入口处立碑一座，标明村落名称及简介。

组团入口空间：每个寨子的入口空间都比较开阔，这也和开辟防火线及鼓楼和公共场所的设置有关，组团路直接连通村寨鼓楼广场和主干路。岑烂寨的入口空间面向主干路布置；高寨的入口空间沿河道布置；岑吾寨修建了一座寨门，道路入寨直接通向鼓楼广场（见图2.72）。

图2.72 南江村组团入口[22]

3. 公共活动空间

公共活动空间分为组团级公共活动空间、村级公共活动空间和数村共用的活动空间（见图2.73）。

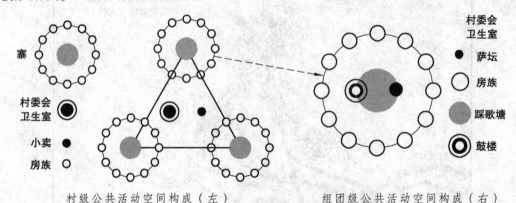

村级公共活动空间构成（左） 　　组团级公共活动空间构成（右）

图2.73 南江村公共活动空间功能构成[22]

（1）组团级公共活动空间。

南江的三个寨子都有各自的公共活动场所，包括鼓楼、萨坛、踩歌塘、篮球场、土地庙。其中岑烂寨的鼓楼在"破四旧"时拆掉后还未重建。

组团级公共活动空间是村落中最重要的活动场所。每年的大年初一是最热闹的时候，每个寨子先祭拜各自的萨坛、土地庙，再围着踩歌塘吹芦笙、跳舞，三个寨子会互相到对方寨里活动，搭戏台请戏班子唱戏，很是热闹。各寨的公共活动空间平面布置如图2.74所示。

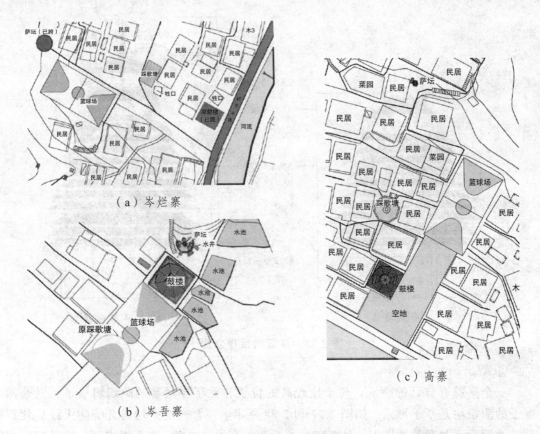

（a）岑烂寨

（b）岑吾寨

（c）高寨

图 2.74　南江村公共活动空间

① 鼓楼。

两个寨子现在的鼓楼都位于组团中心防火线处，高 13 层，均为"密檐塔式"，集楼阁、塔、亭子的特点于一身。高寨的鼓楼楼座是四边三层重檐，八层的塔身，宝顶是双层八角攒尖顶，且有塔刹；岑吾寨鼓楼楼座是四边双重檐，塔身是八层八角重檐，单檐歇山顶。如图 2.75 和 2.76 所示。据当地村民所说，有塔刹的代表"公"，无塔刹的代表"母"。

（a）岑吾寨鼓楼　　　　　　　　　（b）高寨鼓楼

图 2.75　南江村鼓楼[22]

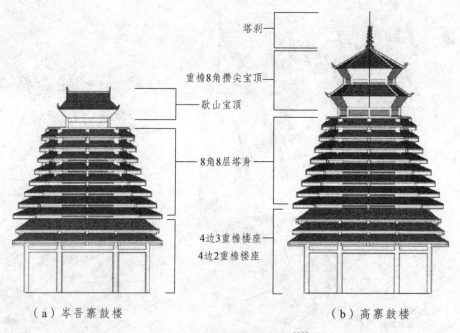

图 2.76　南江村鼓楼立面[22]

② 萨坛。

　　三个寨都有自己的萨坛，位于比较高的位置，除了岑烂寨的萨坛坍塌了，其余两个寨子的萨坛均是亭子形式。如图 2.77 和 2.78 所示。岑吾寨的萨坛自开辟防火线后便迁移到鼓楼后面水井旁的矮坡上，是砖砌的八角形，高约 1.5 米，青瓦攒尖顶，但是屋顶中间是露天的，坛内泥土覆盖堆成圆丘，土内埋藏金银首饰，上面栽植一株黄杨。萨坛正对路口开设门，门旁贴着对联，周围用砖砌了环形围墙维护，围墙内栽植数颗黄杨。

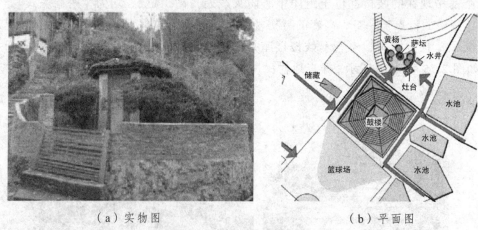

图 2.77　岑吾寨萨坛

　　高寨的萨坛重建时迁到了寨后山下的矮台上，六角形，全木质，也是中间露天，顶上加盖了一个四坡小青瓦顶。它不像岑吾寨的萨坛是位于鼓楼、踩歌塘旁边，反而是位于拥挤的民居之间的一片空地上。

（a）实物图

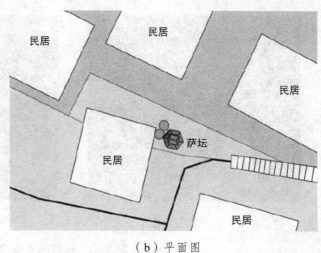
（b）平面图

图 2.78　高寨萨坛[22]

③ 踩歌塘。

踩歌塘是举行节庆活动时跳舞唱歌的场地。除了岑吾寨的踩歌塘在修建篮球场时被水泥覆盖了之外，其他两个寨子的踩歌塘都在村落的中心地带，与旁边的民居相邻。

岑烂寨踩歌塘呈四方形，高寨的踩歌塘是六边形，宽度都是 9 米左右，卵石花式砌法，如图 2.79 所示。

（a）高寨的踩歌塘

（b）岑烂寨踩歌塘

图 2.79　南江村踩歌塘[22]

④ 土地庙。

土地是侗民的"衣食父母"，侗民尊重土地，但是设土地庙祭拜土地也是受到了汉文化的影响，土地庙是很矮小的坛，或位于村落入口处，或位于路旁和村中的高地上，并借鉴了汉人烧香祭拜的方式，每年的大年初一都去祭拜。岑吾寨有两个土地庙，一个位于村落入口处的路边，一个位于村落西南部过河道路的拐弯处，都是砖砌筑的高 40 厘米的小房子，面向道路有开口，龛内放祭祀的贡品。如图 2.80 所示。岑烂寨和高寨都只有一个土地庙，因为没有起龛，只是在一片高地上设了一处烧香进贡的场地而已。

（a）岑吾寨土地庙 （b）岑烂寨土地庙

图 2.80　南江村土地庙[22]

（2）村级及数村共用活动空间。

村级公共活动空间包括村落中心位置的村委会和卫生室，散布在各寨内和主干道旁边的小卖部和赌博摊点；数村共用活动空间有村北 2 千米处的坟和几凸山上的七佰南江艺术节举办地。

（3）数村共用活动场地

七佰南江艺术节举办地：南江村作为整个七佰南江的中心，2006 年主持举办了第一届七佰南江艺术节，地点在小学的篮球场。

4. 民居空间

南江的民居空间形态包括民居与环境、民居与民居之间、民居内部的空间形态。民居自身包括家屋、加建厨房和厕所、牲畜棚、储藏或杂物棚。

（1）民居与周边环境。

户数增加使很多村民搬到山上居住，还有架在水稻田上的，于是形成了不同于以往的选址模式。如图 2.81 所示。

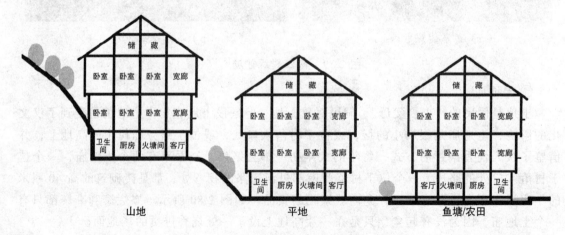

图 2.81　南江村民居和周围环境关系[22]

（2）民居外部形态

2000 年后，新建的房屋开间与层数增多，以四杆两披厦、六杆两披厦为多，四层居多。底层抬高用砖墙做围护；因为二楼不再生火所以冬天会比较冷，二、三层生活层敞廊都用铝合金门窗包裹起来；屋顶全用清一色的灰瓦代替，甚至有的农户为了防雨在房屋外墙上贴塑料布。这时期新盖的民居趋向模式化，每家的差异最多在开间、进深、披厦与否上体现。如图 2.82 所示。

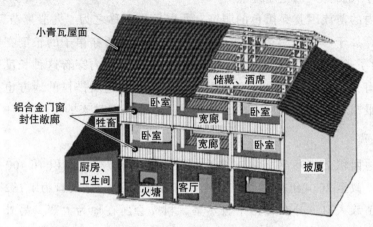

图 2.82　南江村民居形态[22]

（3）民居内部空间。

村民意识到火塘间不安全的问题，将火塘间移至楼下，二楼不再生火，把一层的牲畜棚迁出室外，底层围墙用砖砌，起到防火稳固的作用，顶层储物层也很少储物，有的在其他楼层专门开设储物间，放置铝桶储存粮食，顶层变成空废的阁楼，只有在家里办酒席摆桌用。现在许多村民也在家屋旁边加盖一层砖房作为厨房、卫生间和洗澡间。

2.7.2　反排苗寨

2.7.2.1　反排村概况

1. 地理环境

反排村，苗语称之为"方白"，意思是高坡的地方。村寨坐落于黔东南州台江县方召乡东南部，雷公山山脉的北麓。反排村位于东经 108°24′，北纬 26°31′，东与剑河县相邻，南临南宫乡，西与台拱镇接壤。反排村距离方召乡政府 12 千米，距离台江县城 26 千米，距离凯里市 62 千米，距离 G65 号高速公路和 320 国道均为 26 千米，864 县道穿寨而过。方召乡政府的海拔高度约为 1 200 米，反排村海拔高度约为 1 000 米，地势南高北低。

反排村地处中亚热带湿润季风气候区，年平均气温在 13.7 ~ 15 ℃ 之间，历史记载当地的极端最高气温为 40 ℃，极端最低气温为-8 ℃，高寒山区气候特点显著，严寒、酷暑期都很短；年平均降水量 1 300 ~ 1 440 毫米，年均日照率 34% ~ 37%。

反排村被茂密的树林环绕，环境优美。村辖区内生物资源丰富，植被完好，森林茂密，森林覆盖率达 65%，主要植被有杉木、马尾松、红豆杉、枫树等。

2. 村寨历史

反排村历史悠久，据国家级非物质文化遗产反排木鼓舞传承人万郑文介绍，相传反排村先祖在 2 000 多年以前生活在江西省长江中下游一带，为了逃避战乱，寻求更好的生存环境，家族在放耶古（苗名）的带领下来到今榕江县的"松党告"（地名）。他们在迁徙过程中经历了开路搭桥、疾病饥饿甚至死亡，后来经过一次重大意义的"议榔"之后，反排村才成为今天反排人的定居地点。

台江县境内的苗族因其穿黑色的服饰，所以历史上称之为"九股黑苗"。反排村内居住的都是苗族，属于"九股黑苗"的一支。反排村妇女所穿裙子的长度在膝盖以上，比"短裙苗"的裙子长一些，属于"中短裙黑苗"。台江县境内穿着这种长度短裙的村落除反排村外，还有方召乡的乌梭和四登，但临县剑河县靠近反排村的地方也是穿着这种长度的短裙，从服饰上可以看出反排村的祖先是从东面迁徙过来的。

3. 村寨规模

全村辖土地面积 22 898 亩，其中耕地面积 1 034 亩，林地面积 16 400 亩。反排村辖两个自然村寨。截至 2014 年初，反排村共有 10 个村民组，总人口为 1 782 人，总户数为 410 户，均为苗族人口，分布在两个自然寨，村委会所在地为大寨，另外一个自然寨为八组。全村所有建筑均为木构建筑，都是依山而建，80%以上为吊脚楼。所有建筑保存完整，环境优美。如图 2.83 所示。

图 2.83 反排村位鸟瞰图[30]

4. 村寨格局

反排村海拔高度在 811～908 米，群山环绕，是建在山间的村寨。反排村依山而建，建设区域的最大坡度可达 30°左右，属于黔东南地区典型的山地村寨。

整个大寨的建筑由欧溜河（苗语音译）河岸开始，一直延伸到高羊勇、起鼓山、党好几（山体名字，全部为苗语音译）三个山体的山腰部位。大约 400 年前，有一部分村民居住在起鼓山上，后搬至现在的八组。大寨的建筑基本上分布在两个山脉"Y"字形的峡谷内，属于带有防御形式的聚居地。峡谷深处是大片的梯田。相对高差 200 米左右的农耕景观，具体村寨格局见图 2.84。

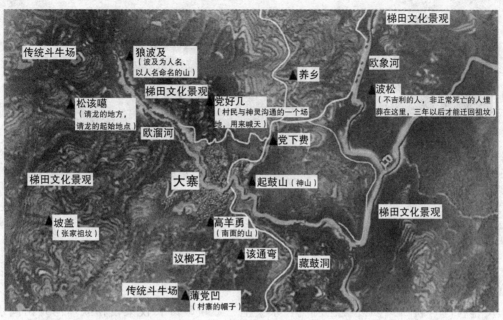

图 2.84　反排村村寨格局[30]

2.7.2.2　村落形态

反排村位于群山的山坳，村寨形成内凹的弯曲形式，给人以向心、内聚的感觉。从心里和感受的角度来说，这种借助山势作为屏障具有很强的安全感，同时也具有很好的景观效果。隔山远眺，重重的瓦檐错落起伏，层次井然，整体感极强。从村寨内部空间观察，无论是沿街道、滨河或背靠山体，没有一处空间形态是一致的，或大或小，或开或合，或正或斜，与山体合二为一。

2.7.2.3　反排村的建筑空间构成

反排村的建筑依山而建，遍布于三个小山体，分布范围广，建筑保存完整。反排村的建筑空间构成如图 2.85 所示。

图 2.85　反排村建筑空间构成

1. 公共建筑空间

（1）寨门。

寨门是整个村寨主体的入口，整个村寨没有设寨墙，寨门不封闭。从县城到反排村要经过两道寨门，第一道寨门位于反排村的辖区边界处，第二道寨门在村寨内部。寨门虽然不封闭，但却形成了很强烈的领域感。如图 2.86 所示。

图 2.86　反排村寨门[30]

（2）桥。

欧溜河穿寨而过，整个村寨被河流分成为两个部分，河流两侧的村民通过桥进行联系，桥体本身形成了一个联系空间。村里架设的桥分为按家庭为单位架设的、按族群为单位架设的和以整个村寨为单位架设的三种。

反排村的"桥"主要设置在河流、水渠上，数量较多，仅架设在欧溜河及田间水渠的桥就有 10 余座，样式纷繁。如图 2.87 所示。

图 2.87　反排村寨门的桥[30]

位于村寨木鼓坪上方的桥——张家风雨桥是整个反排村历史最悠久的桥。该桥不仅供行人通行，也供手推车、摩托车的通行。桥体由 7 根圆木支撑，在原木上铺设木板，然后将桥身放在木板上。整个桥体和河岸是脱离开来的，由 7 根圆木将整个桥体支撑起来。桥体两侧设置了通长的美人靠，与民居不同的是，桥上的美人靠在两端用一根竖向的杆件将美人靠与横梁联系起来。而美人靠本身则由斜撑、坐面、靠背组成。如图 2.88 所示。

（a）实物图

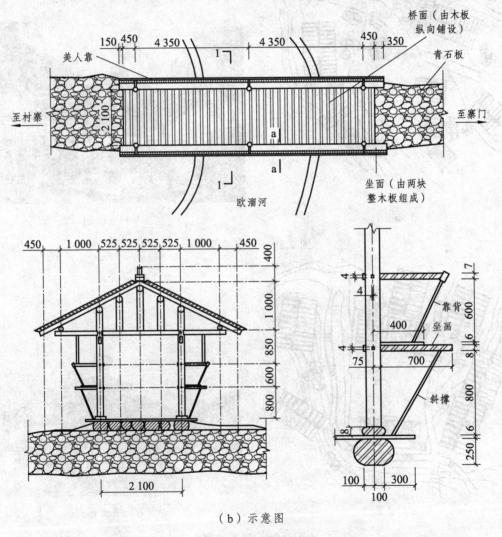

（b）示意图

图 2.88　张家风雨桥

（3）凉亭。

反排人修建凉亭带有族人兴旺、吉祥如意的期望，同时这也是反排人热心公益的体现。整个反排村共有两个凉亭，一个是万家凉亭，一个是唐家凉亭，分居欧溜河两岸。如图 2.89 和 2.90 所示。

从万家凉亭和唐家凉亭可以看出，反排村的凉亭一般选址于地势较高、视野开阔、族群中较为居中的地。两个凉亭的主亭部分，均为六角顶。凉亭处都是一个小广场，不仅是村民休闲娱乐的场所，也是族人进行商讨议事的场所。在凉亭处会有碑文，记载关于凉亭的历史和族人的故事。与侗族的凉亭不同的是，反排的凉亭风格朴素，实木结构完全暴露出来，不加任何装饰。

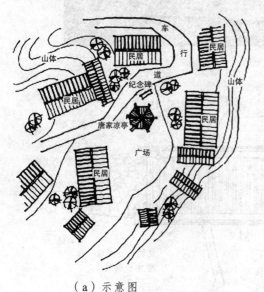

（a）示意图

（b）实物图

图 2.89　万家凉亭[30]

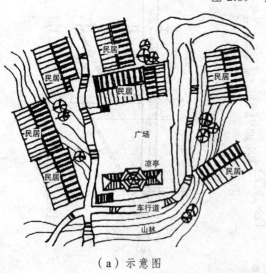

（a）示意图

（b）平面图

图 2.90　唐家凉亭

（4）斗牛场。

斗牛活动是苗族地区特有的表达对祖先、牛崇拜的活动，斗牛场成为苗族地区特有的公共建筑空间。斗牛场场地较大，周边设置了维护栏杆及观众座席，入口处设置了大门。如图 2.91 所示。每年的阴历十月以及春节期间，反排村都会举行斗牛比赛。斗牛场不仅作为斗牛比赛的场地，同时也是反排村鼓藏活动的祭祀场所，也是村里大型活动的举办地，因而斗牛场成为反排村必不可少的公共空间。

图 2.91　斗牛场[30]

2. 配套公建

配套公建有小学、村委会和村民活动中心。

小学位于反排村的入口处，与反排村委会相隔约 230 米。小学教学楼和宿舍楼为砖混建筑，辅助用房和办公楼为传统吊脚楼，历史悠久。村委会位于寨门对面。村民活动室位于木鼓坪边上，两层木建筑，建筑二层设计了一圈的美人靠，最独特的是建筑的顶。如图 2.92 所示。

图 2.92　村民活动室[30]

3. 传统聚落的核心空间

反排村因木鼓舞而闻名，核心空间为木鼓场（见图 2.93）。木鼓场成为反排村最主要的活动空间，主要用于节日庆典场所和木鼓舞表演场地。木鼓场处于反排村最低的标高，青石板铺就而成，场地中心用鹅卵石与青石板组合了反排女性头顶银饰的图案，别具民族特色。

图 2.93　木鼓场[30]

4. 反排村居住空间研究

根据建筑的历史价值和风貌协调情况，可将反排村的民居分为四类，详见图 2.94。

三类建筑

四类建筑

（b）实物图

图 2.94　反排村居住建筑分类[30]

一类建筑：历史久远、保存完好的传统风格建筑，在建筑形制、细部等方面都保留了传统苗族建筑风格的建筑；建成时间多在 30 年前以上，具有很高的历史价值。

二类建筑：历史久远，保存完好，几年前进行了清洗上漆，或局部进行翻新；建设时间多在 30 年内，建筑在形制、风格、细部等各方面结合了现代的一些建筑元素，如玻璃窗。部分建筑的吊脚架空层被砖墙取代。

三类建筑：目前正在修建或准备新建的民居。伴随着人口的增长，原来的住房已经不能满足需求，有的拆除重建，有的另择地基进行重建；或是家里的儿子成家了，一般会在老宅的旁边新建一栋建筑作为新房，或者是在自家的土地进行新建。

四类建筑：村寨内年久失修无人居住，或者是被遗弃多年的建筑以及结构不完整、形体倾斜等破坏严重的待拆建筑。

【复习思考题】

1. 黔东南传统民族村寨的特点是什么？其影响因素有哪几个方面？

2. 黔东南民族村寨的选址方式有哪些？请举出五种以上。

3. 黔东南民族村寨布局有几种典型形式，各自特点是什么？请结合自己熟悉的村寨进行详细分析。

4. 黔东南民族村寨空间布局有哪几种形式？重点分析侗族村寨的公共建筑对村寨空间布局的影响。

5. 黔东南民族村寨山水田村关系有哪几种形式？请结合具体村寨进行说明。

6. 黔东南民族村寨的巷道有哪几种结构形式，各自特点是什么？

7. 黔东南民族村寨的巷道空间断面基本类型有哪些，各自特点是什么？

第3章 民 居

学习提示

黔东南州的各族人民共同生活在这片土地上，与自然环境和谐共处，形成了具有自己特色的民居形式，其中最为典型的是苗族吊脚楼和侗族干栏式民居。通过本章的学习重点掌握苗族吊脚楼和侗族干栏式民居各自的特点。

学习要求

通过本章的学习，学生应了解黔东南州木结构民居的特点，重点了解苗族、侗族民居的特点和构架体系，主要包括以下几个方面：

（1）掌握苗族吊脚楼的功能布局；

（2）掌握苗族吊脚楼空间组合；

（3）掌握苗族吊脚楼与环境的关系；

（4）掌握侗族干栏式民居的布局、空间组合以及苗族、侗族民居的区别。

3.1　概　述

由于区域气候温和，水热条件优越，空气相对湿度大，黔东南州极为适宜林木生长，为这一带木质民居的建造提供了一个极为重要的前提。在黔东南州，这种用木柱支托，凿木穿枋，衔接扣合，立架为屋，四壁横板，上覆杉皮，两端偏厦的干栏木楼举目皆是，其中最为典型的就是苗族吊脚楼和侗族干栏民居。

黔东南州民居起源于南方少数民族中最为普遍的干栏建筑。但由于南方气候温湿多雨，耕地面积有限，人们为了防止外来野兽的侵袭，就将房子建于树上。后来由于人口的不断增加，人们将房子建在没有树木的平地上，并按照以前的方法用树木搭建从而形成干栏式建筑。

黔东南州地势山高崖陡，之前的底部架空建筑已经不再适用于当地的地理环境，为了不占用他们赖以生存的田地，苗族人民依山而建，并创造出结构简单而又稳固的穿斗式木质结构的吊脚楼。由于这种房屋在构造、通风、采光等方面优胜于其他建筑，使得它经历百年风雨仍然屹立至今。

3.1.1　苗族吊脚楼

苗族依山建寨，因险凭高、依山林择险而居，苗族吊脚楼利用山区陡坎陡坡等不可建用地的特定地貌，在陡坡、岩坎、峭壁等地形复杂地段建造，体现利用地形、争取空间的思想，建筑外形构成柱脚下吊、廊台上挑、因险凭高的独特建筑风格，以最经济的方法创造合理的居住空间。如图 3.1 所示。

图 3.1　苗族吊脚楼

苗居的基本功能空间有退堂（吞口）、堂屋、火塘间、卧室、厨房及其他辅助用房等。

苗居以堂屋为中心，在进行平面组合时，强调左—中—右横向间的空间序列关系，平面一般多在三个开间内布置完成，随居住要求的完善，在基本单元组合时，其他使用空间围绕堂屋为核心，取对称性平面布局并呈放射型序列。

3.1.2　侗族干栏民居

侗居多依山而建，溪流绕过寨前或穿寨而过，风雨桥横跨其间，鼓楼耸立寨中，重檐叠阁，矗立蓝天。由于用地有限，为创造更多使用空间，建筑巧妙地与地形结合，手法独具匠心。由于所处的地理条件及独特的自然环境以及某些传统生活习惯的特异个性，侗居具有极其丰富的平面空间。

侗族同胞多为聚族而居，居住方式摆脱了地面居住的束缚，采取在架空层面上生活的离地居住习惯，他们将楼层作为日常起居的主要生活层面，这是侗族干栏建筑区别于苗族居住类型的重要特征。如图 3.2 所示。

侗居采取入口轴线方向为导向的平面布置形式，强调纵深轴线方向的空间序列；这种强调纵深方向的空间序列，也符合居住建筑的渐进层次即满足人们自由活动区——安静区的居住心理要求。空间序列从外向到封闭，光线由明亮到暗淡，都充分体现侗族同胞自身居住习俗的物质与精神两个方面的生活需求。

图 3.2　侗族干栏民居

3.2　苗族吊脚楼的类型、形制和发展历史

3.2.1　苗族吊脚楼的类型

苗族吊脚楼源于干栏建筑，是我国黔东南州苗族常见的传统民居形式。苗族吊脚楼

有全楼居和半楼居两种，或称全干栏与半干栏。全楼居和半楼居在形式、尺度、构造上基本相同，只是半楼居底层进深减半。现存苗族传统住宅中这种吊脚楼占绝大多数，其中尤以黔东南州的雷山县、台江县等地最具代表性。

干栏式建筑的特点是房屋下部架空，以支柱托起上部建筑，主要目的是防潮防兽，保证舒适安全。吊脚楼则是房屋一部分架空，另一部分搁置于坡崖上。这样形成半楼半地的特殊形式，主要目的除防潮之外，更重要的在于适应地形，利用坡地空间，这种半干栏形式较之全干栏具有更多的优越性。如图 3.3 所示。其基本构成是：一般以中柱为界，地基和纵向分为两台，长柱立在较低的前台，短柱立在较高的后台，楼面比例可以随意调整变化，同地形变化相适应。这种形式的吊脚楼对地形有很强的适应性，在坡地、陡坎、峭壁上都可架立。

苗居全干栏与半干栏在形式、尺度、构造上基本相同，只是半干栏底层进深减半而已。建筑多为一字形，以三间和三间带磨角者为多，也有部分二间和二间带磨角的，五间的较少见。苗族所谓"磨角"，即半个开间大小，设于端部，近似于梢间。上部屋顶接正面屋坡转至山面，因以得名。一般磨角处多为歇山屋顶，正房可以带一个磨角，也可两山均带磨角，形成较大体型。

苗族吊脚楼多采用歇山式或悬山式屋顶，屋坡不大，出檐深远。屋顶式样较为灵活，有的吊脚楼一山面做歇山顶，另一面做悬山顶，形成混合式屋顶，视具体情况而设。

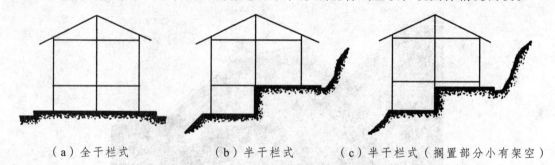

（a）全干栏式　　　　（b）半干栏式　　　（c）半干栏式（搁置部分小有架空）

图 3.3　全干栏式与半干栏式比较示意图

"吊脚楼"这种建筑形式是苗族自然经济和生活习惯与地形条件相结合极富特色的客观产物，是山区复杂的特定环境下对全干栏的一种创造性的发展，已植根于苗乡，土生土长，具有浓厚的地方特色和民族特色，是山地住居独特的形式。

3.2.2　苗族吊脚楼的形制

由于地基条件的差异和住家要求的不同，苗寨中很难找到两栋完全相同的吊脚楼。苗族吊脚楼多为穿斗式木结构歇山顶或悬山顶，一般为四榀三间（见图 3.4），搭两偏厦，或三榀两间（见图 3.5）、五榀四间（见图 3.6），个别六榀五间（见图 3.7）。

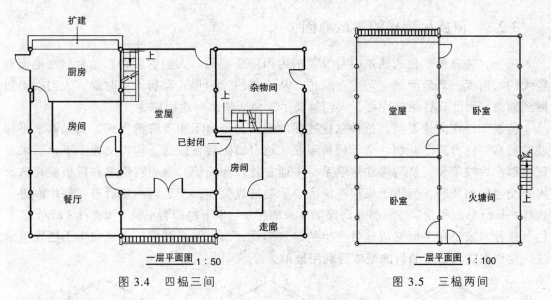

一层平面图 1:50

图 3.4 四榀三间

一层平面图 1:100

图 3.5 三榀两间

苗族民居的形制较为灵活，因地制宜，同时结合财力和家庭生活的实际需要而设置，建成不同的体量和形制。

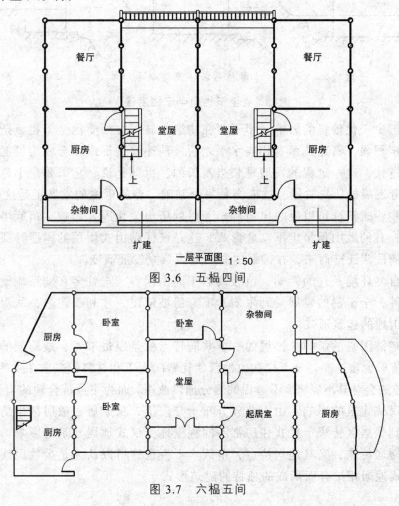

一层平面图 1:50

图 3.6 五榀四间

图 3.7 六榀五间

3.2.3　苗族吊脚楼的形成原因

第一，这是由干栏式建筑自身发展的内因所决定的。人们的活动总是希望在地面有较大的自由度，离地而居，乃生存所迫，从干栏的原始形式巢居产生时起，人们就渴望回到地面，因此只要条件许可，人们就要尽量使居住面向地面靠拢。

苗族干栏在山地发展，这种靠拢地面的意图，可以不用下降的方式，而采取水平移动"后靠"的方式。开初，全干栏房屋在坡地台面距后坡较远，构梯交通上下，后来发现可以在后坡架设天桥与居住层联系，平通室外较为简捷，继而将房屋靠后依坡建造，内外交通更加便利，但由于底层进深大，采光通风欠佳，于是再一步后退，跨坎嵌进，这样一部分形成平房，另一部分则保留原来的楼房，半干栏即告形成。如图3.8所示。"干栏"这种本来是在平原湖沼地带产生的建筑形式，当引入山区后，必然向半干栏发生演进，使原来防潮避湿的目的变成为利用地形。

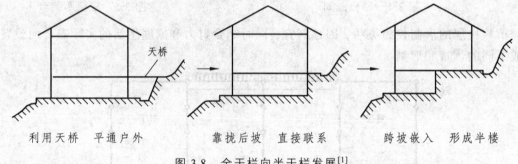

利用天桥　平通户外　　　　靠拢后坡　直接联系　　　　跨坡嵌入　形成半楼

图3.8　全干栏向半干栏发展[1]

第二，历史文化传统的影响。半干栏在构造与施工方面要比全干栏复杂，只有当营建经验有一定积累，营建技术有相当水平之后，前述演进形成才会成为可能，而在生产力不发达的古代，这一过程的发展是相当漫长的。也就是说，它需要全干栏在引入山区后有一个充分发展的历史阶段，这应当是一个基础。苗族干栏的发展正是这样。

苗族某些建筑特征可以反映出苗族半干栏的历史文化因素影响。苗族半干栏普遍喜用歇山屋顶，有的歇山顶呈上下二叠形式，这是汉代歇山式屋顶的构造特征，表明苗族干栏建筑是随民族迁徙而来，在偏僻的高山地区独立发展演变。

第三，自然环境条件的影响。苗族聚居于高山深谷，选址多在陡坡峭壁岩丛地段，囿于地形条件，全干栏的发展受到限制，唯有傍坡依崖，才利于建造，从而摸索出半干栏这种适应山地的建筑形式。

第四，经济因素的影响。民居的一个共同特点就是以最节省、最简便的方法来解决居住问题。苗居也是这样。全干栏在山地营建耗费的人工和材料较多，在生产力水平不高的条件下，必然会对其不经济、不适用的部分加以改革，而为更经济合理的半干栏所代替。

第五，汉式建筑的影响。由于苗族分布十分广泛，从杂居、散居区半仿汉式和全仿汉式住房，到聚居区传统干栏式住房都不同程度地受汉式地居建筑的影响。苗居半干栏民居，既具楼居特点，又具地居特点，苗族半干栏也许可以认为是少数民族干栏式楼居同汉族平房式地居相结合而形成的独特的建筑形式。

3.3 苗族吊脚楼的功能布局

吊脚楼是苗族根据自己的生活习惯创造出的理想居住环境。据方志记载,"苗人喜楼居,上层贮谷,中层住人,下为牲畜所宿"。这概括了苗族对住居的主要要求,反映了居住功能划分的明确性与合理性,虽然实际情况要复杂得多。

苗族吊脚楼能充分适应山区地形进行灵活布置,其居住功能按层分区,简单、明确、合理,生产、生活和储存分工明确又相互结合,形成有机的整体,具有旺盛的生命力,到现在依然是苗族人主要的居住形式。苗族吊脚楼按功能分为三层,分别为以生产为中心的底层、以住为中心的居住层和以储藏为中心的阁楼层(见图 3.9)。

传统苗族吊脚楼内部功能布置如图 3.10 所示。

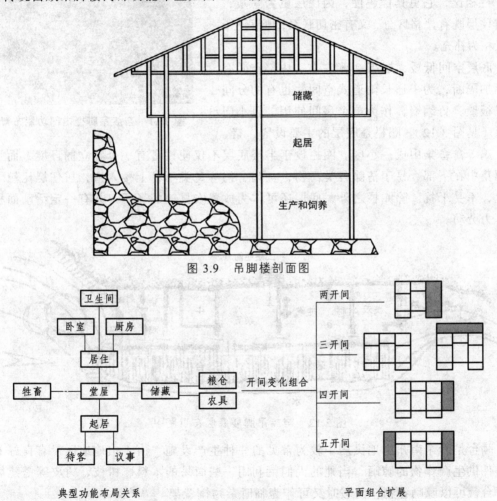

图 3.9 吊脚楼剖面图

图 3.10 苗族吊脚楼内部功能布置[5]

3.3.1 以生产为中心的底层

苗族吊脚楼具有"杂、乱、脏"的特点,如若安排不当,对居住环境质量有很大影响。苗居中多数繁重的生产活动安排在底层，底层同时也是杂物存放和家禽牲畜饲养的地方。相对居住层来说，它是动的空间，而居住层是静的空间。

苗家生产和家务活动内容繁多，晒晾粮食、饲养家禽牲畜、食用加工及竹编、挖瓢等副业生产等都在底层完成；底层同时还承担农具搁置、柴禾木料堆放、饲料肥料储存和什物杂件的保管。如图3.11所示。苗居吊脚楼继承了全干栏底层做杂务院的优点，避免了经由杂乱脏的底层构梯上楼、不便居住联系又有碍观瞻的缺点，利用吊脚的坡面空间做底层，以它为主安排生产活动。与全干栏相比，它更具优越性，因底层更为隐蔽，与居住层既有严格区分，又有密切联系；既互不干扰又相为补充。

图3.11 苗族吊脚楼内部功能布置

底层空间低矮，层高2米左右，内部空间有的不加隔断，为一通长雨道式空间，也有的分间设以板壁、竹编墙，作为单个房间使用，以小门串通（见图3.12）。圈栏是底层的主要设置，猪、牛、鸡等禽畜集中成一小区。圈栏设于半楼底层不仅使牲畜有一个独立的环境，而且污染源集中在下部，易于清除各类污物，且鸡、鸭等禽类不易上楼入室，居住层比较干净卫生，不受干扰。除圈栏之外，底层还可作为放置农具等的场所，并有一定活动面积便于体力劳动。

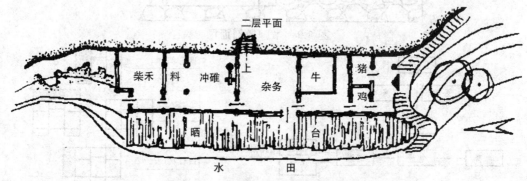

图3.12 苗族吊脚楼底层布置图[1]

晒台是黔东南州山地民居中较为常见的一种生产设施。由于山地地区没有良好的场地条件供生产作物的晾晒，当地的人们就利用一些简易的木料、树枝、树皮等搭建简易的平台，可以晾晒谷物，闲暇时又可作为临时杂物搁置架。

3.3.2 以住为中心的居住层

居住层主要解决一个"住"字，它承担民居的主要居住功能。半楼居在总体布局上将居住面设置在半楼半地的中间一层，全宅主要生活用房几乎都布置在这一层，人全天的活动大部分在该层进行。

居住层包括堂屋、退堂、卧室、火塘间、厨房等主要部分，以及储藏、杂务、副业、挑廊、过间等辅助部分（见图 3.13）。平面布置基本格局根据实际需要进行合理地组织，形成"前室后堂"的中心式平间。

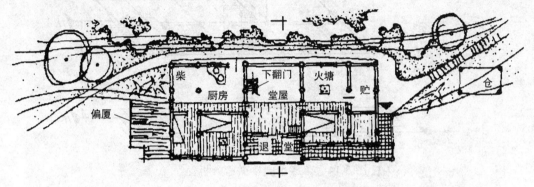

图 3.13　苗族吊脚楼二层布置图[1]

1. 堂　屋

所有居住部分都是以堂屋为中心布置的。首先，堂屋具有象征意义，是家庭最神圣的地方，堂屋位置居中，为全宅中心。堂屋正中后壁设神龛，上立牌位，起着表达家族延续和家庭得以存在的作用。堂屋主要的家具是春凳、前置供桌，用于摆设祭品，有时也供水牛角等。

其次，堂屋还有生活实用功能。除平时兼部分起居作用外，它更主要的是一个家庭对外社交的活动场所，特别是逢年过节，婚丧娶嫁，接人待客，设宴办礼，以及对歌跳芦笙等在此进行。堂屋开间大、空间高，正好满足上述使用要求。有的地方还将大门做成活扇，必要时可全部取下，或干脆无大门和前壁之设，使堂屋与退堂空间连成一片，成为活动面积更大的敞堂。

再次，堂屋兼作家务及部分生产活动的场所。平时堂屋摆设不多，显得空旷，故用作堆放大型笨重的农用具，如风车、饰盘、织机之类，一些生产和副业劳动就在堂屋内进行，尤其收获季节，晾干谷物、农作物加工，在山区缺少院坝的情况下，堂屋自然成了可资利用的场地。

最后，堂屋是全屋的交通枢纽。它不仅仅被当作一个穿堂，更重要的是通向室内外和内部上下左右的联系中心。在水平方向，由堂屋可以自由进到各个房间，也可借挑廊方便出入内外，在垂直方向，堂屋内设地板式翻门以木梯或踏道与半楼底层沟通，有的将堂屋后部隔出一个过间，开甬道下至底层，也可开后门通至户外，开侧门与厨房联系，手法简洁灵活。这些都是与地居式堂屋不相同的地方。至阁楼层则多利用搬梯，置于大门侧后，既隐蔽又方便。全宅经由堂屋交通联系可称四通八达（见图 3.14）。

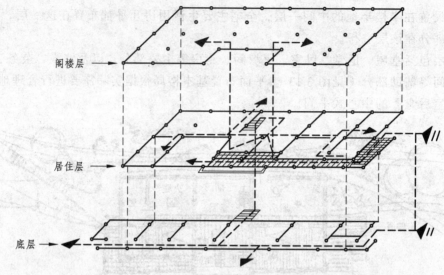

图 3.14　苗族吊脚楼交通分析图[1]

2. 退　堂

退堂是苗族进行休息、晾衣、娱乐、做家务和邻里交流的场所。它是由堂屋退进一步或两步，并与挑廊的一部分共同合成的一个半户外空间；是堂屋前的缓冲地带，又是从室内导至曲廊入口的过渡区域，室内外空间在这里相互渗透融合，是苗族吊脚楼住宅光线最好、空气最流通的地方，是对外的窗口。退堂靠边常设置美人靠，并加简单装饰，有的在前部增加披檐，扩大空间（见 3.15）。

图 3.15　苗族吊脚楼退堂[1]

3. 火塘间

由于贵州山高地寒，雨水充沛，天气潮湿，而火塘带来温暖，苗族有终年围火塘烤火吃饭的习惯，因此火塘间在全宅中占有特殊地位，是亲戚朋友聚会交流的重要场所，是吊脚楼中最活跃的部分，它既是生活起居的中心，又是多功能合用的空间。

火塘间与厨房的关系十分密切，不仅用来取暖还可以兼做饮食。火塘一般二尺见方（约 0.45 平方米），常有两种做法：一是在地面上掘坑，深半尺左右，边上用石头围住；另一种是在木楼面上开洞，上置木盒或垫板，围石盛土。火塘上立铁制圆形三脚架，上置锅烧煮。如图 3.16 所示。冬天以火塘中心，四周摆放桌椅坐凳，全家在火塘取暖、聊天、吃饭、休息；当有亲朋好友来访，也多在此设宴就餐，围坐火锅，畅饮苗族自家酿的米酒，酒歌互答。火塘间是吊脚楼中最富人情味的地方。

图 3.16　苗族吊脚楼火塘[1] [34]

4. 卧　室

吊脚楼的卧室不大，仅仅供夜间休息之用。卧室多位于吊脚楼的前部，朝向较好，采光和通风都处于一宅的最佳位置，这里光线充足，空气清新，冬则阳光温暖，干燥舒适，是全宅最适宜居住的位置。

卧室内置床榻和少量家具，白天在内活动以妇女为多。卧室壁面开窗，常喜采用一种横向板扇梭窗，洞口虽不大，但开启后因无窗格遮挡十分敞亮，兼借远处自然景色似入画框，苗族妇女多在卧室内当窗缝绣，显得居住环境格外优雅宁静。

3.3.3　以储藏为中心的阁楼层

由于贵州天气潮湿雨水多，粮食谷物极易受潮，储藏是关键。苗族的粮食储藏方式也颇为特殊。苗居储藏室间主要是阁楼层，常布置在次间上部，堂屋上空也有辟出阁层的，只不过高度稍低，因此阁楼层储藏面积很大（见图 3.17）。阁楼层木楼面制作工艺严密，多用企口缝拼装，缝隙很少，表面刨光，以便于谷物直接散堆在楼面上。苗家储粮很少用囤箩围席之类，大多为散堆，究其原因，主要是这种储存方式对粮食保管有利。因为山区湿度大，粮食谷物极易受潮，集中堆存所产生的热量难于散发，以致造成霉烂，散堆不仅易于扩散热量，且有利自然风干，楼面荷重均匀，单位面积负荷量小，可以减省楼面用料。

　　阁楼与山尖屋顶空间连通为一整体，横向各构架处不设间隔，两山面多不封闭，有的四周墙壁亦为半开敞或全开敞，设板壁围护者也多前后开窗，因此整个阁层空气连通一体，对流良好，对风干粮食自是有利。

　　阁层的交通联系除前述在居住层设搬梯或固定板梯外，有的则利用地形设置天桥与后坡相通。天桥为活动式跳板，必要时搭设，以供搬运粮食等专用，不致影响居住层的生活。

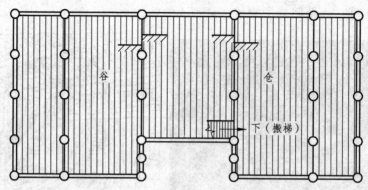

图 3.17　苗族吊脚楼阁楼层[1]

　　苗居吊脚楼居住功能按层分区，简单明确合理，生活起居、生产、储藏都得到妥善安排。上中下三层各以某一种使用要求为主，但相互间功能又可调剂渗透，空间具有很大的伸缩。苗居吊脚楼建筑形式，由于具有满足居住功能的合理性，成为他们较为理想的居住空间模式，被当作一种通用居住单元，在广大苗疆的腹心地区得以普及，历久不衰。

3.4　苗族吊脚楼功能分析

3.4.1　苗族吊脚楼空间组合

　　吊脚楼建筑主体以三间或五间为主，往往形成以堂屋为中心的对称结构，但由于地形条件的多变，一些单"偏厦"和附属用房的存在恰恰打破了这种对称。

　　从总体上来看，苗族吊脚楼的居住层平面空间是一种以放射式为主的空间组合模式。在这种放射式组合模式中，堂屋空间作为基本核心，其他各生活空间围绕其布置。定势的开间格局和放射式组织方式中，通常有 a、b、c、d 型四种基本组合模式和复合模式。

　　1. a 型组合模式

　　在 a 型组合模式中，堂屋居中，堂屋左右分别布置卧室、厨房和火塘间，厨房和火塘间各位于堂屋左右一边的平面后半部分地层上，卧室位于前半部分吊脚层之上（见图3.18）。此模式建筑主体平面规整对称，整栋建筑呈三开间形式，卧室景观视线效果良好，厨房与火塘间分居堂屋两侧，联系性不强，更多地发挥着自身的原初功能。

图 3.18　苗族吊脚楼 a 型组合模式[10]

2. b 型组合模式

　　b 型组合模式中，堂屋同样居中，其中一边全布置卧室，一般平面前半部分和后半部分各一间，另一边布置卧室、火塘间和厨房。卧室位于前半部分，火塘间和厨房位于后半部分，火塘间位于建筑主体开间的次间内，而厨房或位于建筑主体之后成为附属部分，或位于稍间成为一个"偏厦"，后者常常构成了吊脚楼的建筑屋顶形式——单歇山顶（见图 3.19）。此模式中建筑空间的动静组织关系较为明晰，位于堂屋一边的卧房为静区，相互贴邻的厨房和火塘间为动区，两者同为用火空间，功能既相对独立又相互补充，最大化地发挥了空间功能的潜力。

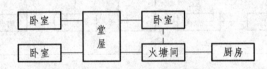

图 3.19　苗族吊脚楼 b 型组合模式[10]

3. c 型组合模式

　　c 型组合模式与 b 型组合模式极为相似，不同之处在于 c 型组合模式中位于堂屋一边布置的卧室、厨房和火塘间三者中的卧室空间被取消，火塘间位于平面前半部分，与之贴邻的厨房位于后半部分（见图 3.20）。此模式一般多见于地势较平坦地区的非吊脚木楼中，也见于全吊脚木楼中。它的空间组合特征也与 b 型组合模式类似，但建筑平面更为规整和对称。

图 3.20　苗族吊脚楼 c 型组合模式[10]

4. d 型组合模式

　　d 型组合模式为两开间，堂屋不再位于平面中的中心位置，而是居于一侧，其旁边开间布置卧室、火塘间和厨房，卧室位于平面前半部分吊脚层之上，火塘间和厨房位于后半部分地层上（见图 3.21）。此模式打破了常有的三开间对称模式，建筑体量较小，适应于宅基地面积有限和家庭成员不多的人家。

图 3.21　苗族吊脚楼 d 型组合模式[10]

5. 复合模式

以上四种基本空间组合模式为苗族小家庭制中一个户型的模式，由于同时要考虑祖宅世代相传、子承父宅、多子并存的情况，苗族吊脚楼中同时也有大量两户型的复合空间组合模式。

复合吊脚楼空间组合特征同样也在主层上表现显著，一般空间在水平方向上沿纵向复合，它们一些是一次建成的，一些是在祖宅继承过程中由一个户型吊脚楼发展演变而来。复合吊脚楼又可分为单堂屋复合模式和双堂屋复合模式两种。

单堂屋复合模式即由一个堂屋构成，堂屋左右各为一户，一般为兄弟，因此左右两边分别由卧室、火塘间和厨房组成，堂屋为两户共用（见图 3.22）。判断是否复合并不在于堂屋数量，而在于火塘间的数量。单堂屋复合模式常常是由一个户型的四种基本组合模式中的基本模式发展演化而来。

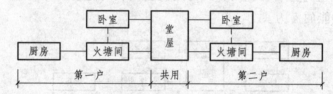

图 3.22　苗族吊脚楼单堂屋复合模式[10]

双堂屋复合模式是由一个户型的四种基本组合模式中任意两种组合，它一般为一次建成或兄弟分家后，就在老屋旁边另建新居，虽然两栋房子连在一起，但各自功能完整，类似如联排房屋（见图 3.23）。

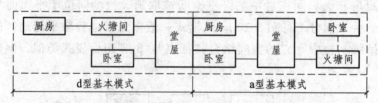

图 3.23　苗族吊脚楼双堂屋复合模式[10]

3.4.2　苗族吊脚楼入口空间

苗族吊脚楼的入口一般因地制宜，在四个面都有设置入口的情况。主入口一般以在侧立面上设置最为多见，其次为背立面和正立面上进行设置。

1. 侧入主入口

侧入主入口是苗族吊脚楼中最为常见的入口设置形式（见图 3.24）。侧入式主入口一般设在位于侧面的厨房或建筑内部廊道上。当寨路与建筑人行主入口无过大高差时，入口与寨路基本处于同一标高，两者直接相连。山坡地形错综复杂，当来路与建筑入口高程相差较大而不在同一标高平面时，一般建筑入口与寨路之间会设踏步或搭设简易梯步构架进行连接。苗居建筑依山而建，有时又有一定的险要性，寨路与侧入口之间有时有一段悬空距离，这时也常常在两者之间设置一些构架设施进行连接。

图 3.24　苗族吊脚楼侧入主入口

2. 背入主入口

背入主入口的设置方式一般是因为建筑后部有可利用的空间，且此空间与寨路联系也较方便，或者空间本身就是寨路的一部分（见图 3.25）。背入人行主入口一般也设在建筑的厨房或火塘间上。背入口往往与建筑后部可利用的建筑外部空间形成有一定私人属性的空间，这个空间常常成为建筑屋主临时砍柴、洗菜、做饭等的生活空间。

图 3.25　苗族吊脚楼背入主入口

3. 正入主入口

由于山坡地区上的建筑主要顺应等高线布置，前后等高线之间的建筑高低错落，其正立面都具有良好的视线条件且正立面前面都为悬空，不利于设置入口。入口设置于侧面或背面，可不影响其正面视线的完整性，但相对于设置悬空的正空的正面其技术难度较低。所以正入主入口的设置方式一般产生在用地地势条件较为平坦的建筑上，当道路位于建筑正面方向时，入口则直接设置于正面而方便进出（见图 3.26）。平坦地区，将入口结合环境条件设于正面，方便人流的组织。

图 3.26　苗族吊脚楼正入主入口

由于苗族吊脚楼的入口设置极为灵活，导致苗族吊脚楼的入户空间也各不相同，大致有以下几种情况：连廊—退堂入户模式、直入堂屋式、直入火塘式、直入厨房式等。

3.5　苗族吊脚楼与周围环境关系

3.5.1　苗族吊脚楼与山体关系

苗岭山区地形复杂多变，坡地、陡坎、峭壁、悬崖随处可见。苗寨基址大多选在 30°以上的坡度地段。苗族人民积累了长期在山地营建的丰富建筑经验，使吊脚楼这种形式能适应于各种复杂地形，布置具有很大的灵活性。

它不但可以在各种坡度甚至几乎垂直的陡坎上架立，而且能在不规则、不完整的复杂地段建造。同时，它的开间少、进深浅、体型不大、占地不多，适应地形尤为灵活，几乎不受基地条件的任何限制。

因为吊脚楼的基本构成是：一般以中柱为界，基地在纵向分为二台，长柱立在低的前台，短柱立在高的后台，正面一半为楼房，背面一半为平房，居住面半楼半地，在此基础上楼地面比可以随意调整变化，协调与地形的关系，有效地同地形起伏紧密结合而建造起来。

当坡度变化时，房屋布置在平面上可进可退，吊脚楼的楼地面比例亦随之调整，按建造者的意图，或争取使用空间，或节省原材料，或减少工程量，均无不可。

缓坡地段，平面前移，楼面部分增大，地面部分减小，可以扩展半楼底层空间，只是材料消耗较大。如图 3.27（a）所示。

陡坡地段，有三种情况：一是平面后移，楼面部分缩小，地面部分增大，既保证楼底的使用空间，又节省建筑材料，方便施工，唯土石方量稍增。二是平面不退，而使用条件又要相同，则前砌筑堡坎，取土石方挖填平衡，仅略增加劳动而已。三是不作筑台，平面前移调整，使半楼部分变为三层，获得更多的空间。如图 3.27（b）所示。

峭壁岩坎地段，房屋或附崖跌下，可达 2~3 层，整个变成楼面，或大部建于崖顶平面，少部悬挑吊脚，均可建造起来。如图 3.27（c）所示。

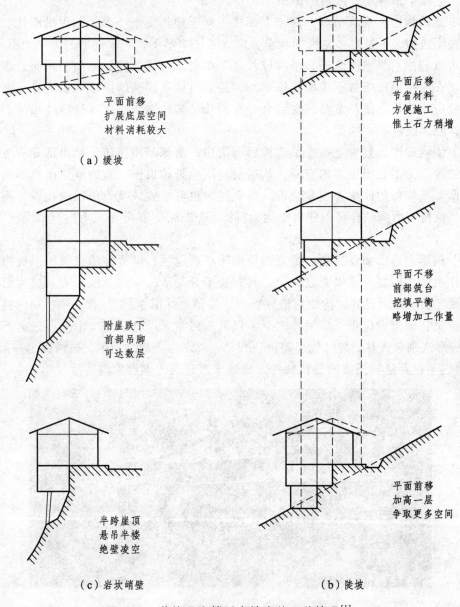

平面前移
扩展底层空间
材料消耗较大

（a）缓坡

平面后移
节省材料
方便施工
惟土石方稍增

附崖跌下
前部吊脚
可达数层

平面不移
前部筑台
挖填平衡
略增加工作量

半跨崖顶
悬吊半楼
绝壁凌空

平面前移
加高一层
争取更多空间

（c）岩坎峭壁　　　　　　　　（b）陡坡

图 3.27　苗族吊脚楼适应坡度的几种情况[1]

3.5.2　利用地形处理手法

吊脚楼本身就是利用地形的一种建筑形式，实际建造中还辅之以多种手法，适应地形更加灵活自由，并产生出种种生动活泼的建筑形象。常见的手法不外乎下列几种：

（1）因坡平基，分阶筑台。此为山地建房的普通方法之一，但苗居筑台不同的是，直接影响到建筑形式的形成。吊脚楼本身就是以筑台为前提产生的。苗居平基较易，土方量很小，因为台面窄，常是一房二台，垂直于等高线的横向吊脚楼有一房三台、四台的，即一间占据一个台面，各台之间多于室内设踏道联系，不似全楼居非一房一台不可，与其他某些汉族民居一台数房或一院，呈几台几进的布置也大不相同。苗区坡度大，筑台很高，立面上占有十分醒目的面积。

（2）悬虚构屋，临坎吊脚。房屋上部柱子向下伸长支于坡面，称为吊脚柱。吊脚楼就是一种半边楼，不过它多是大面积全方向纵长一半吊下，是纵向的"天平地不平"，楼底空间可以利用。当坡度陡峻，吊脚较长，下部空间任其敞开，不加利用而悬虚更甚。这种方法在复杂地形条件下采取长短不一，甚至每柱不同高的做法加以适应，不动天然地表，故应用颇广。吊脚常与筑台结合，有的长吊脚柱附坎设置，稳定性加强，断面用得不大，较为经济。

（3）依附崖体，陡壁悬挑。吊脚楼后部附崖，前部利用挑枋悬挑出部分房屋，如挑廊、挑楼等。为了获得更多的空间，从底层利用地脚枋出挑，有的逐层出挑形成上大下小的剖面。吊脚楼的曲廊为主要通道，可全挑，也可半挑，挑廊可以包建筑一面、二面或三面。悬挑与吊脚结合可以伸出很远，"借天不借地"，在陡崖之上实有"凌空飞绝壁"之感。

（4）利用边角，加设披顶。房屋四周所附单面屋顶，可为披檐或披屋。披檐出际较短，多作挑廊之覆盖，或墙面之保护。其布置十分灵活，可以分段设置，成为雨搭，也可绕房屋三面、四面设置，构成重檐或歇山式屋顶（见图3.28）。有一种特别的披檐设置为它处少见，即披檐位于正房屋檐之下，仅低一封檐板厚度，使整个屋面呈上下两阶形状。这种形式别致古朴，与汉代早期山顶相似，或许为古制之遗风。披檐挑出一般为1~1.2米，它不仅是遮阳挡雨的建筑构件，也是丰富建筑艺术形象的造型。

图 3.28　屋顶重檐

　　披屋常附于屋后，在房左右的披屋多称为偏厦，一般于宅周边角地加建，可充分利用基地，可用作厨房、储藏等次要房间（见图 3.29）。披屋和偏厦对正房外墙起一定的保护作用，并提高侧向抗风能力，增强房屋在坡地上的稳定性。同时，单调的一字形体型得以丰富变化，房屋更形生动活泼。

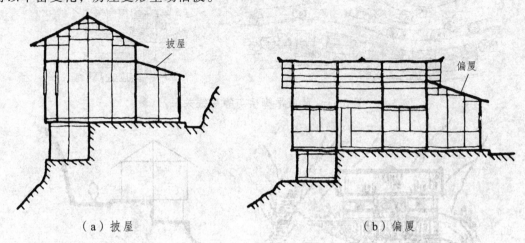

（a）披屋　　　　　　　　　　　　　　（b）偏厦

图 3.29　披屋和偏厦[1]

　　因地就势，增建梭屋，一般分为前梭和后梭（见图 3.30）。屋面顺坡而拖下，可增加使用空间，苗居多采取通长向前的梭法，形成前低后高的剖面。

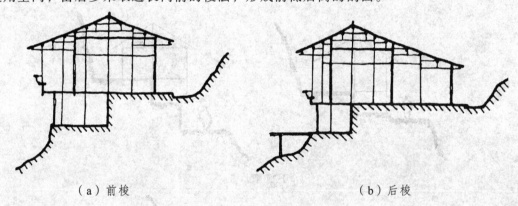

（a）前梭　　　　　　　　　　　　　　（b）后梭

图 3.30　梭屋[1]

　　以上各种手法多为山地建筑所常用，只不过苗居的建筑形式和地形条件关系紧密，加之地形变化剧烈，表现更为突出而个性特征鲜明。这些手法常综合运用于一幢建筑上，处理巧妙自然，与环境镶合十分得体。

3.5.3　吊脚楼与道路关系

　　房屋与等高线的关系不外乎三种：一是垂直于等高线，常在山脊、山梁等处，房屋呈横边楼布置；二是平行于等高线，顺其走向，以纵向吊脚楼分跨等高线布置，此种较为常见（见图 3.31）；三是与等高线成角相交，常是地形不规则地段，采取纵横两个方向吊下的所谓双向吊脚楼来加以适应。

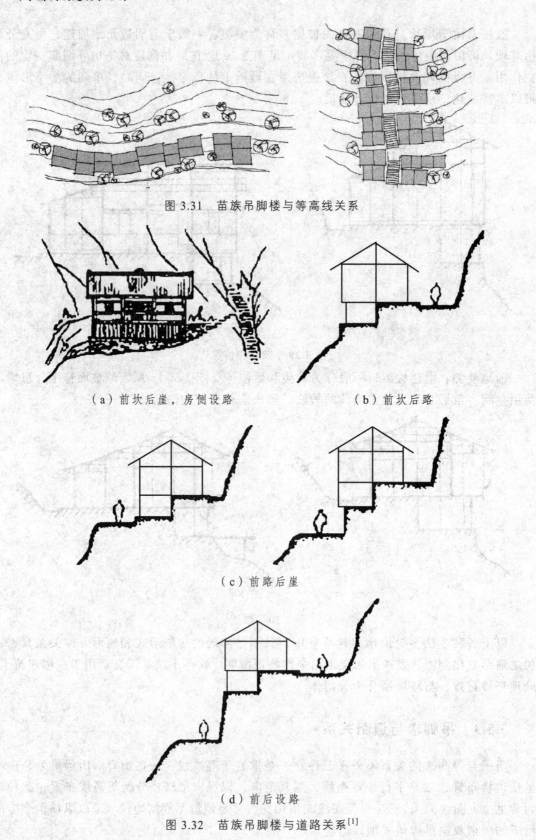

图 3.31　苗族吊脚楼与等高线关系

（a）前坎后崖，房侧设路　　　　　　　（b）前坎后路

（c）前路后崖

（d）前后设路

图 3.32　苗族吊脚楼与道路关系[1]

房屋与路径的关系十分密切。建筑上山必须妥善解决房屋布置与道路开设的矛盾。苗居在这方面的处理手法多样灵活，不拘一格，随地势高下起伏，形状端正曲折，宜房则房，宜路则路，路的设置不占房基，房建好则路自然形成。路房关系常有如下几种（见图 3.32 ）：

（1）前坎后崖，房侧设路。在垂直走向主干道两侧布置房屋常平行于等高线，逐台分阶层级而上，房屋以山面向路，宅门开于山面，出入方便，尤其两面临坎，背靠高崖的地形，布置时便应留出一面，从房之一侧设路联系。

（2）前坎后路。房屋前为勒石高坎，则在房后设路，内外联系方便，同时房屋距后坡较远，利于采光通风，又可减少后坡雨水对房基的影响。

（3）前路后崖。有两种情形，一是前部地面较宽，道路与房屋底层同处于一个台面，可设次要入口由底层进出；一是前部地面较窄，房屋建于堡坎上，底层不能直接与路取得联系。以上两种情形主入口都设于山的西面，构梯上下或沿坡面引出小径而上。

（4）前后均设路。在上述前路后崖的情形中，若房屋后部地面较宽，也设路通行，前后联系均较便利，在房屋成排连建横向布置时采用较多。

同时，房屋布置对自然地物并不加排斥，而是尽可能利用周围环境条件，形成良好的外部空间，使房屋与环境镶合巧妙自然。如基地附近的大树、岩壁、山石、沟壑、水面等，不随意砍削，挖填或毁损，不强求生硬的整齐划一，而是组织到居住环境中成为其中的一部分。

3.6 侗族干栏式民居

由于地理环境、历史文化等社会自然条件的差异，侗族干栏式民居既具有干栏式建筑的特点，又具有自己的特性，其内部功能分布如图 3.33 所示。

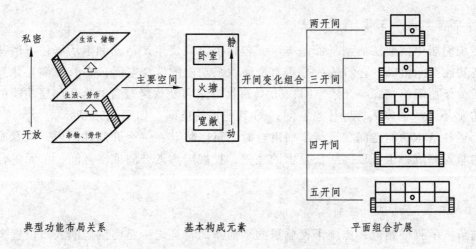

图 3.33 侗族干栏民居内部功能布置[2]

3.6.1 侗族干栏式民居的特征

1. 居住方式特征

侗寨民居大多为穿斗式干栏木楼。侗居的竖向功能分区由三部分构成：①以杂物、饲养、副业为中心的底层；②以人居为中心的居住层；③以储物、晾晒为中心的阁楼层。如图 3.34 所示。将居住层由底层移至楼面，可以最大限度地适应聚居区域内任何起伏变化的地形地貌，可以不用改变地形获得平整的居住层面，以利于炎热多雨气候的通风避潮，以利于不易清理的场区环境对虫蛇、猛兽的防御，以利于抵御河岸水边低凹地带潮水涨高的侵袭。从居住质量的观点看，提高生活居住层面后，居住环境质量也相对提高。

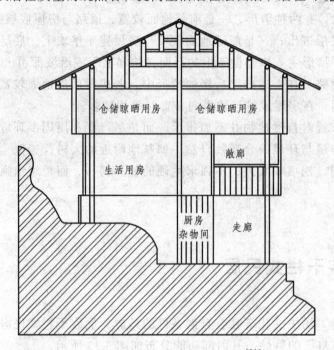

图 3.34　侗族干栏民居剖面图[21]

2. 平面基本单元特征

传统侗居生活面层典型平面基本单元包括可以满足生产活动和生活居住习俗基本要求的各功能空间组成，它们是：①垂直交通联系功能的楼梯空间；②富有满足休息和家庭手工劳作功能的宽廊半开敞空间；③具有接待来宾及炊烤兼备的生活起居功能的火塘间；④必不可少的家人寝卧休息空间；⑤其他辅助空间。如图 3.35 所示。

上述各基本功能空间在进行平面组合时，可以将其在一个开间柱网内，自宽廊向纵深方向布置完成；也可以随居住要求的完善，扩展成为两开间或多开间，单元组合自由衍生。

3. 入口位置设在山墙面

与苗族吊脚楼相似，传统干栏侗居的平面布局特征之一是将侗居的入口位置大多设在山墙一侧，这与汉族民居从正面入口截然不同。

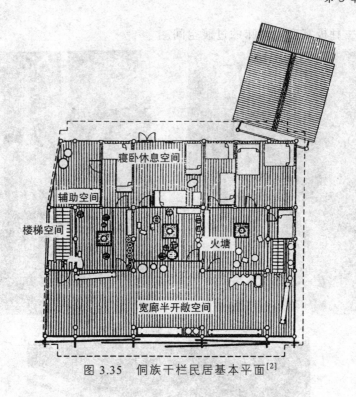

图 3.35　侗族干栏民居基本平面[2]

3.6.2　干栏侗居内部空间要素

因地制宜，合理利用空间，充分发挥有限空间的使用价值，是侗族住居的内部空间特点。由于所处环境地貌条件的变化，给剖面形式带来不同，因此对空间的利用也带来很大的伸缩性和灵活性。

（1）架空的底层空间。

侗居架空的底层空间，根据不同的使用要求，可以拉通，可以隔断，外壁可以封闭，可以开敞，空间分隔十分灵活。当居住面积不够用时，支座层可以围蔽，安排作为使用空间以备不时之需。但传统侗居这里大多安置石碓，堆放柴草、杂物和饲养牲畜，作为圈栏、储放杂物等家庭生产活动的主要场所。

（2）楼梯空间。

楼梯纯属垂直交通联系之用，侗居的楼梯平面位置大多布置在单元侧向端部偏厦开间内，入口位置设在山墙面，梯段多采取单跑的形式，坡度一般比较平缓。在户内与阁楼联系的梯子，往往加工成鱼脊形的独木梯，造型饶有风趣，移动也方便。如图 3.36 所示。

（3）内外空间的中介——宽廊。

设置宽廊是侗居的重要空间特色之一。宽廊在侗居中除了作为家庭休息、手工劳作空间外，还具有社交和联系室内其他空间的多种功能（见 3.37）。宽廊是侗居内外的中介，为父系大家庭公共起居使用的活动空间，又是妇女从事家庭纺织等劳作场所。半开敞式的宽廊，可以说是侗族自身寻求养身空间的体现，可以取得自内向到外向、由封闭到开敞的空间转变，可以改善环境的封闭性，还有助于改善心理环境和视觉境界。因此宽廊的双重性在于，它的空间界限似清楚又不明确，似围合又通透，似独立又依存，但是它在侗居中确是一种极富有人情味的过渡空间。

图 3.36　侗族干栏民居楼梯[2]

图 3.37　侗族干栏民居宽廊[2]

（4）家庭的核心——火塘间。

火塘间在传统的侗居中，占有相当重要的地位，它是侗族家庭议事、聚会、团聚、交谊和兼作炊烤的场所（见图 3.38）。对于侗族来说，火塘间不仅是家庭日常生活的中心，也是家庭内供暖的中心。正是由于火塘在侗族家庭生活中具有如此重要的地位，所以火塘间就成为整个血亲家庭的中心，乃至成为家庭的代名词。在黔东南一带，一些侗族民居中，有"高火塘"和"平火塘"两种类型。"高火塘"使室内的地板形成台上台下两阶，台上可供坐卧，台下作为通道，静区动区互不干扰。"平火塘"的构造方式有平摆式、悬挂式和支撑式等几种。

（5）寝卧空间。

卧室对每个家庭都必不可少，它必须满足居住的实用要求。在侗居中，卧室位于较安静的区域，空间处理则多以小隔间的方式为主，一般一间卧室仅放一张床铺，以一人或一对夫妇居住为原则。侗居的寝卧空间比较封闭，与宽廊形成鲜明的对比，但它符合空间功能的私密性要求。

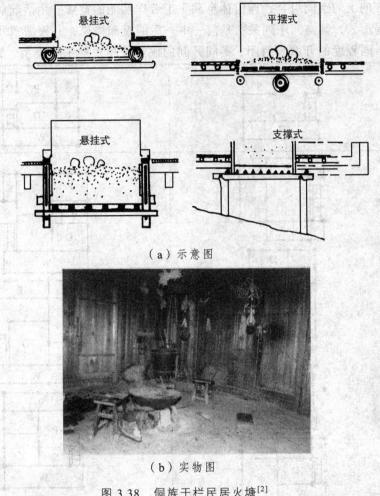

（a）示意图

（b）实物图

图 3.38　侗族干栏民居火塘[2]

（6）屋顶上部空间的利用。

侗居屋顶空间阁楼层的主要功能是：① 作为散堆谷物为主的储藏间；② 设有横杆作为晾挂风干作物之用；③ 也有些侗居将其分隔布置为围女卧室使用。阁楼层的平面空间利用率较高，且储藏物品安全可靠。阁楼空间的外壁有开敞，有封闭，根据需要及住户的经济财力，可伸缩性较大。

从上述要素可以看出：侗居内部各功能空间的布局形态是受着侗族文化和民族习俗的影响而产生和发展，同时又随着生活方式的渐变，和周边各其他民族文化的撞击，以及因时、因地、因人、因物的不同，而展现不同的风貌。

3.6.3　干栏侗居平面布局与空间序列

建筑的平面布局和空间序列与其使用性质有着密切的关系。这些使用空间彼此又是相互关联、脉脉相通的。

以侗居的生活面层为例，其平面布局和空间序列完全是依据空间使用的性质以及侗族自身的生活习俗和行为模式并按照渐进的层次进行布置的。侗居序列类型的选择侧重于强调纵深轴线方向上的空间组合，即由休息和手工劳作功能的宽廊—生活起居的火塘间—寝卧空间的布局形式，其空间序列关系是前—中—后的纵深格局；并根据空间不同的使用性质，采取了不同程度的开敞与封闭，不同开间的侗族干栏民居平面类型。如图 3.39 所示。

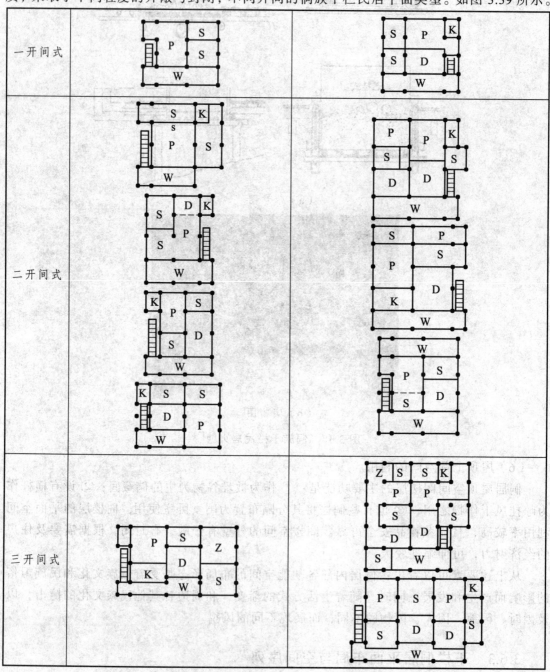

W：宽廊　P：火塘间　S：寝室　K：谷仓　D：堂屋　Z：灶房

图 3.39　侗族干栏民居平面类型[2]

　　宽廊起着空间过渡和承接的作用，其半开敞、较明亮，具有开阔的景观收纳性；火塘间是侗居家庭的核心所在，是空间的精华，是温暖和光明的源泉，甚至是崇拜的对象，因此，空间需要具有完整性和聚合性；寝卧仅供休息睡眠，需要安静和避免强烈的光线干扰，需要有密闭性和私密性。这种强调纵深方向的空间序列格局，符合于人们居住流线从外部空间—半开敞过渡空间—共用空间—私密空间的行为模式。即空间序列由外向到封闭，光线由明亮到暗淡，这些都充分体现侗族自身居住的物质与精神方面的需要。当然，在以上基本空间序列布置中，有时为了有更多的寝卧空间，在火塘间的左侧或右侧，也有布置寝卧的情况出现，但从交通流程顺序，它依然属于先进入起居再进入卧室的空间序列。

3.6.4　侗族干栏式民居与苗族吊脚楼的区别

　　侗族干栏式民居与苗族吊脚楼有很多相似之处，但也有着各自的特点，其相关对比见表 3.1。

　　1. 平面空间序列的比较

　　干栏式苗居建筑空间序列以堂屋为中心呈放射型的平面布局（见图 3.40），而干栏式侗居则以轴线的方式布局，即由敞廊—火塘间（堂屋）—卧室构成的前中后形式的空间轴线（见图 3.41）。

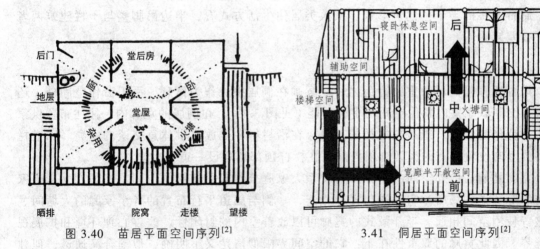

图 3.40　苗居平面空间序列[2]　　　　　　3.41　侗居平面空间序列[2]

　　2. 居住方式的比较

　　苗居与侗居的居住方式的差异在于：侗族干栏式民居的架空支座底层，一般以饲养牲畜或堆放杂物为主，二层设置宽廊、火塘间及小卧室，顶层通常为堆放粮食或杂物的阁楼，也有的局部设置隔间做卧室。侗族寨民的居住方式是摆脱地面，将楼层作为日常起居的主要场所，楼层作为生活居住是侗族干栏建筑区别于苗族居住方式的重要特征。

　　苗族的生活居住层虽然也是上住人下养畜的居住方式，但深入调查后不难发现，苗族所建房屋的楼面一定会有一部分是架空的，一部分与坡坎或与自然地表相连，这种建造方式即使在场地不受地形限制时也是如此建造。这是由于苗族建房有"粘触土气、接地脉神龙"的生活习俗，苗族认为只有这样建造的住房，才会人丁兴旺。可以看出，苗族是把楼面与平整土地相连接的层面作为主要生活面层，也即苗族的生活层面没有全架空，这是苗居与侗居的根本区别。如图 3.42 所示。

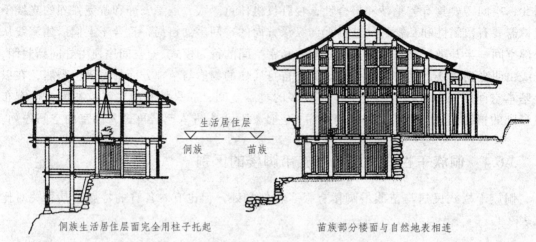

侗族生活居住层面完全用柱子托起　　　　　　　苗族部分楼面与自然地表相连

图 3.42　苗侗民居居住方式比较[2]

侗居一般底层都是全架空的干栏建筑，苗居一般为吊脚半边楼的居住形式。它们的区别还在于干栏建筑完全是用柱子将建筑托起；吊脚半边楼则部分用柱子支托、部分搁置于坡岩。可以认为吊脚半边楼是在陡坡、岩坎、峭壁等地形复杂地段创造出的柱脚下吊、廊台上挑的半干栏建筑形式。从人类居住生活方式看，半边吊脚楼与干栏建筑两者是存在差异的。

3. 宽廊与退堂

设置宽廊是侗居的重要特色之一。宽廊在侗居中除作为休息、手工劳作空间外，还具有社交和联系室内其他空间的多种功能（见图 3.43）。在侗居的宽廊内，往往布置供家庭妇女劳作的纺纱、织布机之类的工具，在沿栏杆一侧放置供休息交谈的座凳。廊道栏杆多为竖向设置，有的为了遮阳挡雨，在栏杆顶部还增设一道挑檐。

宽廊是侗居内外空间的中介，为父系大家庭公共起居使用的空间，又是妇女从事家庭纺织等劳作的场所。它一端与楼梯相连，一侧与廊道平行布置的各小家庭的火塘间、卧室等使用空间相通。半开敞式的宽廊可以改善室内的封闭性，改善心理环境和扩展视觉境界。因此宽廊的双重性在于：它的空间界限似清楚又不明确，似围合又通透，似独立又依存，在侗居中确是一个极富人情味的过渡空间。

苗居利用退堂、挑廊、敞廊等半室外空间使室内空间扩大延伸，同室外空间相融合联系，获得丰富而变化的空间效果，入口部分的处理具有"流动空间"的意境，从封闭的堂屋室内空间出来，经过退堂半户外空间，再折至曲廊空间，至户外。其空间序列获得了封闭—放大—收束—开放带韵律性的变化，增加了家居的生活情趣。如图 3.44 所示。

因此，可以看出，苗居、侗居的过渡空间分别采取了不同的空间形式来表达，而取得相同的空间效果。

宽廊与退堂空间布局不同，侗居宽廊长度与建筑长度一致，是建筑各主要房间对外的主要联通通道，且宽度一致；而苗居退堂与建筑不等宽，且在堂屋前有一个空间的扩张，即堂屋往后退一定的空间也叫退堂。

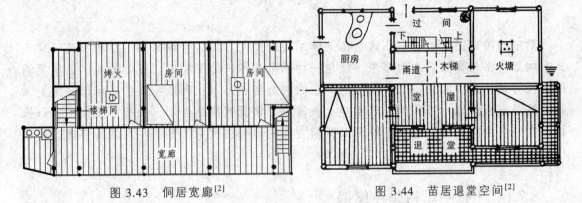

图 3.43 侗居宽廊[2]　　　　　图 3.44 苗居退堂空间[2]

4. 入口的设置

入口位置设在山墙面，这是传统的苗居侗居布局与汉族民居从正面入口截然不同的特征。苗居、侗居尽管都是由山墙面入口，但处理方法又不一样。侗居入口是通过设置在侧向山墙端部偏厦开间内的单跑楼梯，至生活平面层的宽廊，再进入到各生活空间。苗居入口是通过设置在侧向山墙与户外岩坎相联系的半开敞曲廊，转折进入退堂，然后再进入堂屋。

表 3.1 苗族、侗族民居的异同性比较

比较内容	苗族	侗族
语系	汉藏语系、苗瑶语族、苗语支	汉藏语系、壮侗语族、侗水语支
全国人口	894 万	296 万
贵州人口	430 万占全国本民族比例 48.1%	162.86 万占全国本民族比例 55.01%
主要作物	水稻	水稻
居住方式	大杂居、小聚居	多以同族群聚而居
村寨分布	山坡、因险凭高	水边、依山傍水
寨间组织	榔款、交	洞款
聚落中心	配置铜鼓坪或芦笙场、离散、粗犷性	鼓楼、戏台等公建及广场空间，集中紧凑
防御方式	以村寨独立防御为主，村寨间社会组织为辅	以区域性社会组织为主，共同防御
谷仓	分散为主	集中与分散结合
民居形式	半边吊脚楼较多	传统干阑木楼较多
生活层面	置于大多与地表相连的底层或二层	抬高居住面层、与地面隔离、位于二层
空间序列	以"左一中一右"的横向序列	以"前一中一后"的纵向序列
居住平面	退堂式三开间，以堂屋为中心	宽廊式，以火塘为中心
剖面	多为楼上一层外挑	楼层逐层外挑
廊	走廊狭窄、退堂加宽配置美人靠	长廊宽敞、竖向栏杆或镶板廊栏
用火	火塘设于夯土层面上	火塘架离地面

3.7 黔东南民族民居构架体系

黔东南民族民居均为穿斗式木构架体系，这是南方民居普遍采用的结构形式。穿斗式木构架体系与叠架式木构体系一样是一种承重与围护分工明确、互不影响的简单灵活的结构方式。这种形式构架独立性强，它的构造特点是以柱和瓜（短柱）承檩，檩上承椽，柱子直接落地，瓜则承于双步穿上，各层穿枋既起拉结作用，又起承重作用。每排构架在纵向由檩和拉枋联结，柱脚以纵横方向的地脚枋联系，上下左右联为整体，组成房屋的骨架。

3.7.1 干栏木结构整体屋架

所谓"整体屋架"，系指将屋架（即排架）同斗枋（开间枋）、檩条等构件拼装构成的房架，这是最基本的形式。就其类型划分，有底层全架空的和半边架空的（半边吊脚楼）两大类，侗族民居以前者居多，苗族民居则多为半边吊脚楼。

1. 底层架空的干栏民居

侗族干栏木楼大多为穿斗式结构，一般为五柱七瓜或五柱八瓜木构架，是悬山式屋面两山加披檐形成貌似歇山顶的形式，屋面覆盖小青瓦，木楼以三开间为主，也有五开间或更多开间或长屋的实例。侗族木楼的构造一般分为"整柱建竖""接柱建竖"和"半接柱建竖"三种形式。

（1）"整柱建竖"的每根柱子都是整根，常见的是五柱八瓜或三柱八瓜屋架（见图3.45和图3.46）。多数侗居一般都前后出挑，出挑尺寸为367~500毫米，吊柱的下端做雕花处理。

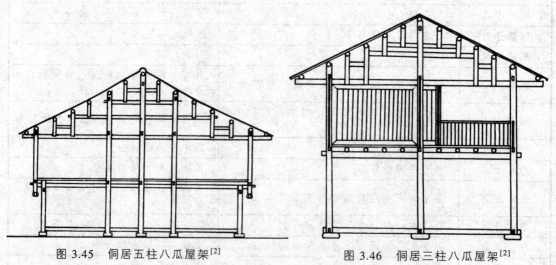

图3.45 侗居五柱八瓜屋架[2]　　　图3.46 侗居三柱八瓜屋架[2]

（2）"接柱建竖"的侗居在构造上有全接柱和半接柱两种做法。全接柱的房架系先将底层全部竖立，以穿枋和斗枋连接底层木框架、二层楼板，然后在二层上制作屋架并用斗枋上部整体房架。

（3）"半接柱建竖"的侗居的中柱和全柱是整根的落地柱，檐柱只竖底层立柱，二层以上前后层层出挑吊柱。这种构造方式多见于五柱以上的干栏木楼。接柱和半接柱构造，在二层以上基本相同。

2. 半架空的苗族吊脚楼

苗族吊脚楼在坡度较大的地方，有效地利用地形，省工省料，构架的基本形式为五柱四瓜或五柱四瓜带夹柱（见图 3.47）。苗族吊脚楼一般是前半部架空，后半部为二层的屋基。根据地质条件，有的设纵向挡墙，有的利用完整的基岩直接竖柱。通廊设在二层或三层的前半部，后部为卧室，后门是通向居住楼层的主要入口，节省了底层通往二层的楼梯。苗族吊脚楼多为"整体柱建竖"构造，二层以上出挑时，以穿枋来进行支承。

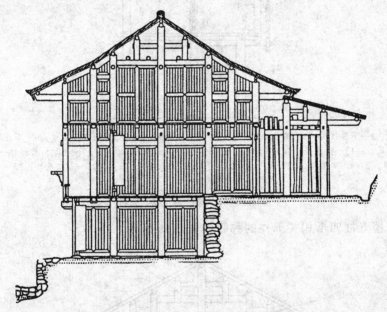

图 3.47　苗居五柱四瓜屋架[2]

3.7.2　干栏式木屋构架

1. 构架的分类

穿斗式住宅的构架由排架、开间枋和檩条构成。排架有各种各样的形式，其形式与柱子和短柱（叫"瓜"）的数量，及与有无垂花柱（称为"吊柱"）有关。如民居都是五柱式的，根据"瓜"的数量，分为五柱四瓜式、五柱六瓜式、五柱八瓜式。有"吊柱"的较多，这里分为前加式和前后都加式。当然，"瓜"越多，房屋梁的规模越大，"吊柱"给房屋增加了装饰性。

2. 部件的称呼体系

侗族对构架的称呼："五柱八瓜式"，即 5 根柱子与 8 根横梁采用穿斗式结构修建的。沿大梁方向的柱子间隔称为"排"，面向梁断面的右边称为"东山"，左边称为"西山"，

图 3.48 是"西山二排"的断面图。柱子：檩木通柱称"中柱"；侧面的通柱称"二柱"；侧面的柱，又分为楼上楼下，楼下侧柱称为"下檐柱"，楼上侧柱称为"上檐柱"；柱子的基础是石头基础，称为"垫地兜"；固定房屋外围柱子的横木称"地脚枋"；联系"中柱""下檐""二柱"的楼下横木称"千斤枋"。

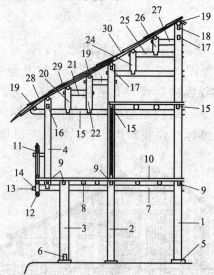

1—中柱；2—二柱；3—下檐柱；4—上檐柱；5—垫地兜；6—地脚枋；7—千斤枋；8—楼枕；9—下过间枋；10—楼板；11—半腰；12—吊爪；13—猪鼻子；14—牛鼻子；15—中过间枋；16—出水枋；17—上过间枋；18—梁；19—檩；20—下二爪；21—下二爪枋；22—下一爪；23—下一爪枋；24—上二爪；25—上二爪枋；26—上一爪；27—上一爪枋；28—椽；29—庄木皮；30—杉树皮。

图 3.48 侗居构件部位名称图[2]

苗族吊脚楼五柱四瓜相关部件的称呼如图 3.49 所示。

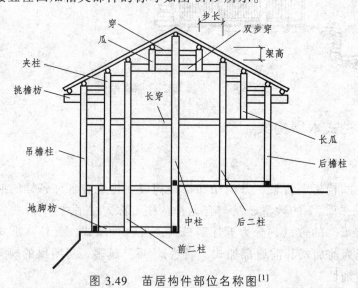

图 3.49 苗居构件部位名称图[1]

3.7.3 民居屋架

屋架（即排架）：通常根据房屋的建筑规模决定屋架数量。屋架的数量单位称架或排，如四架三间、六架五间。柱瓜的数量取决于房屋的通进深（根据檩的水平距离决定）。屋架的穿枋由房屋的高度和层数决定，以满足层间和柱瓜联系的需要，最多的为七枋，一般为四至五枋。地脚枋起控制柱距、稳定柱脚和镶嵌墙板等作用。屋架的构造关系到房屋的整体性、稳定性和安全度。房屋的全部荷载通过屋架的柱传至柱基。

横向每排有三至七根立柱，中柱最高，往两排递减，每根相差两尺（约 0.667 米）或一尺八寸（约 0.6 米），前后檐柱最矮。中柱往下每两尺设一个桃木枋，立柱间加瓜柱，瓜柱承于双步穿上。瓜柱是为满足柱间檩条支点的需要而设的，同时起到控制横向位移的作用。立柱和瓜柱承檩，檩上承椽。落地的柱脚要用圆形石础支垫，房屋的荷载通过屋架的立柱传到柱基。每根立柱的上、中、下部分分别开凿卯眼，以穿枋串联，形成排架。枋的断面多为矩形，各层穿枋既起拉结作用，又起承重作用。排架在纵向由檩和斗枋连接，柱脚以纵横方向的地脚枋联系。用两榀至六榀排架构成一开间至五开间的整体构架。

1. 侗族民居

黔东南州侗族南部方言区的干栏式木楼的屋架多为五柱八瓜，前后有垂花吊柱，也有三柱八瓜带前后吊柱的屋架。侗族民居屋架在构造上有多种形式，比较灵活（见图 3.50）。

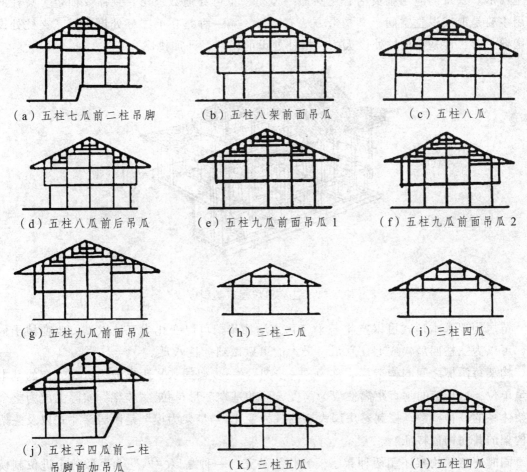

（a）五柱七瓜前二柱吊脚	（b）五柱八架前面吊瓜	（c）五柱八瓜
（d）五柱八瓜前后吊瓜	（e）五柱九瓜前面吊瓜 1	（f）五柱九瓜前面吊瓜 2
（g）五柱九瓜前面吊瓜	（h）三柱二瓜	（i）三柱四瓜
（j）五柱子四瓜前二柱吊脚前加吊瓜	（k）三柱五瓜	（l）五柱四瓜

（m）五柱子四瓜前二柱
吊脚前加吊瓜

（n）五柱四瓜前后吊瓜

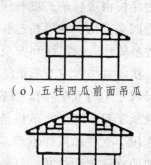

（o）五柱四瓜前面吊瓜

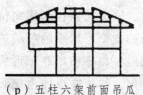

（p）五柱六架前面吊瓜

（q）五柱四架前后吊瓜

（r）五柱六架前后吊瓜

图 3.50 侗族民居屋架类型[5]

2. 苗族吊脚楼

苗居构架的基本形式为五柱四瓜或五柱四瓜带夹柱（见 3.51）。屋面八步九檩，前后各四步架。夹柱即是前瓜伸长落地的柱子，伸长不落地而支承于楼面穿枋上的则称长瓜或跑马瓜。长瓜的应用很灵活，可穿通一道枋，也可穿通数道枋，视需要而定。夹柱的作用主要是形成退堂空间，其构造方法有两种。第一种是在前二柱处设大门，夹柱处设前廊壁；第二种是在夹柱处设大门，檐柱处设前檐壁，外加挑廊。

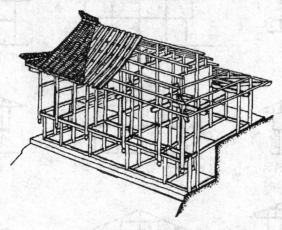

图 3.51 苗族民居屋架类型[34]

苗居构架基本形式可以产生若干变化，增加步架可以变化为五柱六瓜，改变柱子数量，可以为三柱四瓜，或七柱六瓜，最大的可以做到七柱八瓜。

构架每两檩之间的构造形式称为"一步架"，一步架的水平距离成为进深方向的基本度量单位，一步架的垂直距离便成为高度方向的基本度量单位。"步架"实际上成为整个构架体系的一种模数，控制着房屋大小的各种变化。"步架为模"是民居穿斗式以及叠架式构架的共同构造特征。

同时，苗居构架还用两种数字模数作为补充。一种是以"八"为尾数的十进位制模数，控制房屋全高，具体地说，控制中柱高。苗居半边楼中柱具有某种神圣吉祥的意义，常以树神枫香制作。苗家有"床不离五，房不离八"的说法，盖房中柱高度尺寸尾数必为八，故中柱全高（从居住面起算至脊擦下皮）定为一丈六八（5.6 米）或一丈七八（约5.93 米），最高达二丈二八（7.6 米），而最吉祥的尺寸为一丈八八（约 6.27 米），故有"丈八八"之称。所以常用的标准苗居便是"五柱丈八八式"，凡有条件的都按此建造。

另一种数字模数是"尺"进位制。即以"尺"为整数增减决定房屋各向尺寸，包括开间和进深，并以此确定步架尺寸，它们互相配合调整，加上"八"的模数的应用，各个层高随之定出。一般"尺"模数的定制是：当心间开间一丈一尺至一丈二尺（约 3.67～4 米），次间开间一丈至一丈一尺（约 3.33～3.6 米），进深二丈一尺至二丈四尺（7～8 米），层高底层为六尺（2 米）左右，居住层堂屋一丈（约 3.33 米）左右，其他房间八尺（约2.67 米）左右，阁层楼面至檐口五尺（约 1.67 米）左右。

3.7.4 构造细节

1. 檩的支撑点——柱、瓜和挑檐枋

柱、瓜和挑檐枋是檩的支点。柱、瓜顶部的水平距离和穿枋出挑的长度应满足步水的需要。所谓"五柱八瓜"或"三柱八瓜"仅是构造上的习惯做法，如房屋的进深过大，檩的间距增加，势必增加椽皮的厚度，加大木材用量，为满足檩距的要求，只有增加瓜的数量。

2. 屋架节点细部

屋架是以柱、瓜和穿枋连接组成。柱枋节点的卯榫尺寸视上部荷载和柱距而定。

屋架中的柱是传递上部荷载至柱基的主要杆件，柱的下部直径 150～300 毫米。柱的径高比一般在 1：30～1：44 之间，这样的径高比只有穿斗式和类似穿斗式屋架方能满足，它是靠屋架的穿枋及纵向的斗枋控制柱的稳定的。

屋架中的瓜主要是为满足柱间檩条支点而设的，同时还起控制横向位移的作用。

屋架中的穿枋是承载楼板和屋面的简支梁和连续梁，通枋的每个支点和跨间都产生弯矩，因此，枋的截面几何尺寸是由木工匠师根据经验决定。一个村寨或一个地域的匠师都掌握了比较成熟的经验模数，虽未经过精确的计算，但能做到既不浪费材料，又能保证强度和挠度。穿枋宽度一般为 36.7～56.7 毫米，高度 120～200 毫米，如枋的高度不足，可在主枋上部加辅枋满足构造上的尺寸要求，以增加枋的断面惯矩。穿枋的高宽比无硬性规定，比较灵活，由木工匠师凭经验决定。

柱同穿枋的节点固而不死，这是由木材特性决定的，柱、枋连结牢固与否是构架稳定的关键。节点构造做法通常四种（见图 3.52）：一是梢法，分单梢和双梢，连接可靠，制作简单；但双梢的梢头外露，有碍于室内空间的使用。二是齿法，分单齿和双齿，工艺要求高，接头牢固，不露痕迹。三是齿梢法，连接更为牢固。四是榫法，枋头多做成燕尾榫，嵌入柱中，简洁美观，常用与丁字或十字接头，如地脚枋与柱的连结亦多采用。

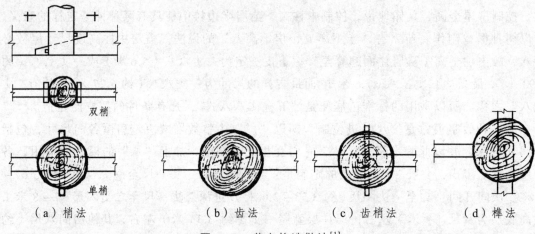

（a）梢法　　　　　（b）齿法　　　　　（c）齿梢法　　　　　（d）榫法

图 3.52　节点构造做法[1]

3. 斗枋与屋架连接的构造细部

斗枋同屋架的连接是整体房架施工的重要工序。它同屋架的柱联系起来，构成整体房架，控制纵向的稳定和整体牢固。柱与枋同样以卯榫连接。枋的断面几何形状多为矩形，也有半圆形的，但很少。枋的榫头应根据枋料尺寸和柱径的大小而定，枋的榫头宽度一般为 36.7~57 毫米，高度为 120~200 毫米，如果开间面宽大，枋料高度不足可在上部加辅枋，以合理的比例保持纵向的稳定性。

4. 栓的作用与用法

栓是房架中最小的部件，但木匠师却非常重视。屋架枋的栓和斗枋与柱的"梢"，起到防止枋榫与柱卯脱离的作用，枋与柱的主要连接点均用木栓固定。常见的有耙齿、牛角栓和三角栓三种。

5. 楼楞与楼板的构造

楼楞的断面几何形状有矩形、圆形和半圆形三种，常见的是圆形和矩形截面的楼楞。楼楞的间距与檩的水平距相同。高度同层间斗枋顶部一致，便于铺装楼板。楼板多用厚 33.3 毫米的寸板。楼板以企口嵌缝铺装，既严密又增加了楼板的刚度，可以加强整体性。

6. 柱与地脚的连接

地脚枋主要是作控制柱位，拉接联系柱脚和便于装修内外墙板之用。柱与地脚枋的连接有纵向双齿法、纵向单齿法和横向齿梢法。

房屋周边各柱均匀向内倾斜的做法叫"向心"。在立好构架后即用绳扎牢，然后绞紧，使檐柱和山柱均向内倾斜高度的 1%，进行骨架组合，获得立柱垂直稳定的效果。

7. 屋顶体系

黔东南民族民居屋架的水面坡度在 5.55 和 6 分水之间（即 1∶2.0、1∶1.8 和 1∶1.67）。小青瓦和树皮屋一般为 1∶2.0~1∶1.8，茅草屋面一般为 1∶1.67。

（1）出水。

民族工匠称房屋举折为"出水"，屋面出水的坡度则称"水成"，以"步水"表示。

常用的为五步水。所谓几步水，就是凡每步架的架高与步长之比，乘以 10 后得出一个整数，是几便是几步水。

苗族出水具体做法有二（见图 3.53）：一是从脊到檐均以五步水下折，至檐柱处抬高一寸（约 0.33 米）；二是从檐到脊，每架的步水依次为 5、5.5、5.8、6。

苗居屋面坡度不大，反凹之势曲线和缓面流畅，较为生动自然。

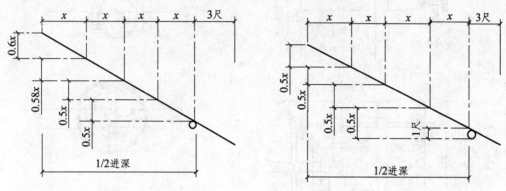

图 3.53　屋面坡度的做法[1]

侗族屋面外观分为两大类：

① 直线屋面，即檐翻起翘，屋脊不落腰，屋面和屋脊都是直线的。做法是：直线屋面的房屋，由中柱到檐柱降水平距离的 0.5、0.55 或 0.6，即为中柱同檐柱的高差。

② 曲线屋面，即檐部起翘屋脊落腰，形成双曲屋面，平缓流畅，在视觉上给人以美感。曲线屋面中柱到檐柱的高差的计算方法与直线屋面相同，只是中柱高度不变，檐柱按计算尺寸抬 2 寸（约 66.7 毫米），瓜的尺寸是不定的，随屋面曲线而变化。

（2）落腰。

屋脊两端升起，中部下沉之势称为"落腰"。与出水反曲屋面相呼应，是将中间二排构架较两山低七分到一寸（约 23～33 毫米）。檐口做法亦与此相应，略呈起翘状。

屋脊落腰的做法是：当是两开间，中部一联屋架的尺寸不变，边排屋架升 1～2 寸（约 33.3～66.7 毫米）；三开间以上的中间两联屋架不变，次间、梢间的屋架逐步升起至边联排架中柱抬高 2 寸（约 66.7 毫米）。

（3）起翘。

苗居喜采用歇山屋顶翼角多有翘起，这在一般居民中颇为少见。其做法十分简单，即在 45°方向设半列架，伸出微微上举的挑枋，也叫压角枋，使屋角略为上翘。有的屋角并不翘起，只在角脊前端顺曲线做出翘头，这是苗居构架的一个特点。如图 3.54 所示。

吊脚楼屋顶的形式构图并不完全强制遵照对称、平衡、韵律等形式美原则，而以适用为前提。吊脚楼屋顶形式多样，总体以坡屋顶为主，主要还有悬山、歇山、半歇半悬、披檐、后梭和侧梭等（见图 3.55）。由于单体建筑屋顶形式的灵活处理，使得建筑群体的屋顶形态生动、有趣和层次多变，避免了僵硬、呆板的形态。

披檐是指在主体屋顶之下，在房屋的任意立面，加做单向坡面屋顶，其一般与附属空间共为一体，当加做坡面位于侧向时，比较类似于歇山顶，不同之处在于前者与歇山顶相比，在屋顶构造上正向坡面与侧向坡面并未形成一体，且无歇山顶之垂脊与戗脊。

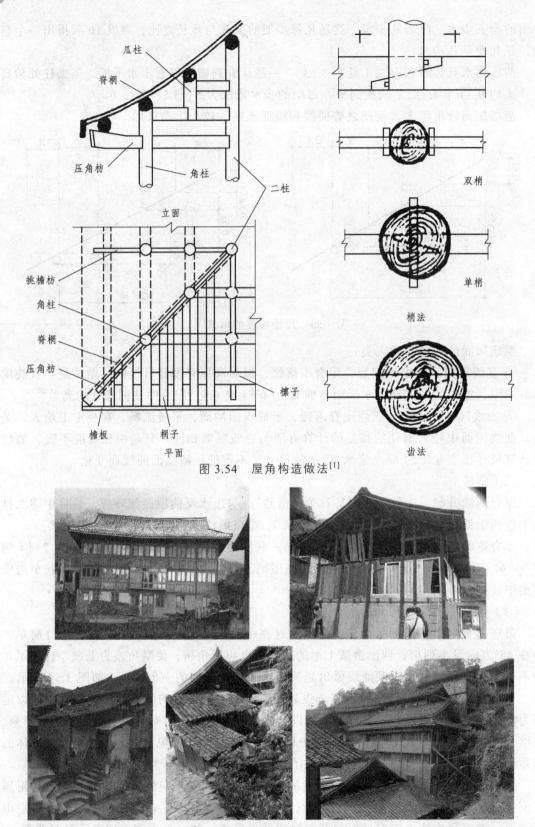

图 3.54 屋角构造做法[1]

图 3.55 黔东南民族屋顶形式

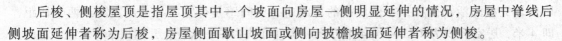

后梭、侧梭屋顶是指屋顶其中一个坡面向房屋一侧明显延伸的情况，房屋中脊线后侧坡面延伸者称为后梭，房屋侧面歇山坡面或侧向披檐坡面延伸者称为侧梭。

悬山、歇山形制基本与中原汉式相同，只是做了适度简化，如坡面简化为直坡而非反曲面，歇山一般不做收山，山花部分不施于博风板以利于顶部存储空间通风之用。

在苗族地区，屋面形制也存在不同的"档次"之分，但这种区分与传统汉式建筑，特别是汉式传统公共建筑的屋顶形制与礼制秩序的严格对应还是有所不同。由于歇山顶的构造技艺相对复杂，并且在屋顶外观形式上具有丰富层次变化的作用，因此，歇山顶被认为是一种比其他形制更为"高级"的类型。半歇半悬坡顶是指坡顶左右两侧的其中一侧采用歇山顶的做法，而另一侧采用悬山顶形制，它是歇山与悬山的一种杂糅形式。

在使用功能设置上，有的建筑作为一户家庭使用，一般设置一个厨房功能。苗族吊脚楼又通常将厨房设置在主体建筑侧面或背面，位于侧面的厨房空间通过歇山或披檐限定，而建筑另一侧仍保持悬山顶形式，这样就形成了半歇半悬形式。而此屋顶形式也可能随时间而发生变化，当下一代要将原房分户成两家使用时，势必有一家无厨房，因此，需要在原悬山一侧加设厨房并增建歇山或披檐。这样原来的半悬半歇屋顶就可能变成了全歇山形式。半歇半悬屋顶的出现，也有一部分原因是受周边建筑环境的影响而导致的。整个村寨建筑不是一次性建成，各家总有先后顺序，而后建住宅由于受周边已建住宅对宅基地的限制，建筑开间受到一定制约，就选择做成一边歇山、一边仍然采用悬山的办法。再者，在房屋使用过程中，随着家庭人口增加，对厨房使用空间的需求加大，屋顶变化形式灵活。当厨房在主体一侧时，厨房的扩大常常形成歇山侧梭；厨房位于主体背面时，常常形成后梭屋面。在建筑长期使用过程中，由于功能不断地调整，苗寨的屋顶形式随之而改变，并且这种改变并不刻意追求某种"正统"形制。

3.8 黔东南民族民居建筑特点

黔东南民族民居是一种小巧紧凑、变化多样、功能性强的组合式空间单元。它的空间特征主要是：

1. 小尺度，底层高

除堂屋外，其他房间尺度感不大，层高较低。居住层层高一般 2.4 米，室内至楼栿底净高 2.2 米，个别甚至低到 2 米，在居住建筑中这可以说是最低限度。但这样的层高给人的感受大多不觉得压抑，究其原因，主要是尺度近人和平面划分不大，以及家具布置较少，且多为矮家具之故。

民居空间划分通常是在房架立好之后，在其限定的规整空间内进行自由划分，一般在柱位设隔断，相邻二柱的柱距为 2 米（六尺）左右。小居室隔出一个柱距，次间开间一般为 3.3 ~ 3.6 米，居室面积即为 6.6 ~ 7.2 平方米，可布置一张单人床及少量家具，供家庭次要成员居住。民居中床的尺寸不大，多为五尺五寸，即 1.8 米，常顺房间短边布置，留出较完整的活动面积，在低层高的房间中，空间感是合宜的。大居室隔出两个柱距，即 4 米，居室面积为 13.2～14.4 平方米，房间净高以 2.2 米计，开间以 3.6 米计，室内几何空间比例则成为 2.2：3.6：4，近似于 1：1.6：1.8，墙面比例都接近黄金比，这种空间应该说是较为协调和谐的。家庭主要成员多居此类房间。

低家具的采用与低层高相适应，也会调节空间环境质量。除床以外，坐具多为矮椅小凳，其他家具尺寸都不大，如小方桌 600×600×600（毫米），火桌 650×650×250（毫米），柜橱 800×400×900（毫米），春凳 2200×450×500（毫米），如图 3.56 所示。家具不多，靠壁设置，室内显得较为宽敞。

底层层高 2 米，人可在内进行一般性的活动，作为禽畜关养的空间，高度是足够的，阁层空间尺度更小，用于储藏，是经济实惠的。

综上，民居建筑空间，以人体尺度求其合宜的舒适度为限，空间既不局促沉闷，又不空旷浪费。

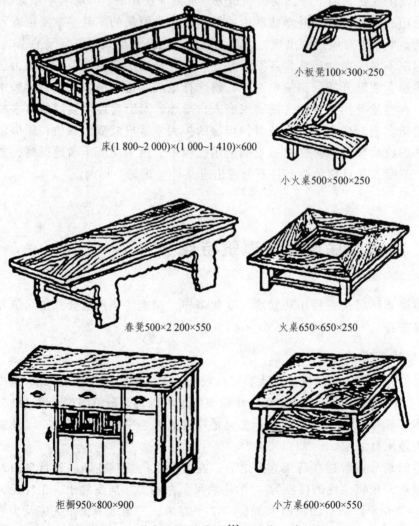

床(1 800~2 000)×(1 000~1 410)×600

小板凳100×300×250

小火桌500×500×250

春凳500×2 200×550

火桌650×650×250

柜橱950×800×900

小方桌600×600×550

图 3.56　黔东南民族家具[1]（单位：毫米）

2. 多类型，有变化

黔东南民族民居室内外空间类型多样，富于变化。室内空间因其功用不同，使用对象不同而处理各异，可以划分为人的空间、畜的空间和物的空间。

居住层为人的空间，但对活动部分与休息部分处理又不尽相同。而堂屋则打破低层高的限制，放大尺度，使其高大宽敞，除了表达作为精神中心的地位外，实用上考虑各种社交活动的需要，如能容纳较多的客人。因此堂屋不仅开间大，多在 4 米左右，而且层高常超过 3.5 米，其空间比例大体为 1：1.1：2，较为适度，高而不空。整个居住层空间主次分明，布局均衡，功能明确。

底层为禽畜的空间，有半地下室的空间感觉，低矮阴凉，同时它又有通透开敞的空间特点，底层是一种较为特殊的空间环境，作为禽畜宿处是合适的。

阁层是物的空间，是形状不规则的空间类型，三角形屋顶空间与堆物的自然形态是相一致的，所以这种空间形式意味着材料最省、而储藏潜力最大，它的功能与形式是统一的。

黔东南多类型空间，人、畜、物各得其所，自有特点，而又有机组合为一体，这是它空间处理的成功之处。

3. 少地基、多空间、小体型、大容量

黔东南民族民居，特别是"一"字形半干栏楼居在坡地上占地不大，与曲尺形或院落式地居相比要少得多，但由于它逐层外挑、上下兼采、最大限度地争取空间，同时加强室内空间划分，提高利用率，在小块基地上一般可获得大小不同的十数个空间；另一方面，由于低层高的手法，虽然房屋通高仅具二层的高度，体型不大，但实际上发挥了三层的作用，容纳了相当于一个院落式地居几乎全部居住功能内容。

黔东南民居这种多空间、大容量的特点，为房屋的灵活调整分配，适应使用要求的变化创造了有利条件。这很满足苗族、侗族生活习俗的要求。因为苗族、侗族的民族节日多，热情好客，"串亲戚"风俗盛行，安排客人食宿是常事。所以黔东南民居房间小而多、容纳量大的优越性就充分发挥了出来。

3.9　黔东南民族民居装饰

为了满足人们的审美需要以及表达对祖先图腾崇拜之情，黔东南民族民居也在室内外辅以很多装饰，但这些装饰并不是全方位地覆盖到建筑各个角落，而是在重点部位刻画装饰。民居建筑装饰主要集中在美人靠、门窗、垂柱等做法上。

1. 连楹和腰门

苗族的连楹和门斗刻意做成牛角形，以示为有牛守门，安全无恙（见图 3.57）；腰门的上门斗也做成牛角形（见图 3.58）。苗居大门及房门的装修也与众不同，大门尺寸上宽下窄、房门尺寸上窄下宽，认为如此便于财宝进屋，产妇平安。

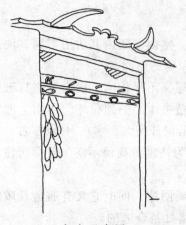 

（a）示意图　　　　　　　　　　　（b）实物图

图 3.57　门头牛角装饰[2]

图 3.58　腰门[2]

2. 吊柱

黔东南民居对木作的要求都很严格，一般在吊柱柱头会进行各式花纹的雕刻，吊柱又称"垂花柱"，在下垂柱头的 20～30 厘米外雕刻花纹，主要有金瓜（象征吉祥）、鼓形（欢乐）、灯笼（喜庆）、莲花（圣洁）等形状，内容并不多，雕刻形式却千变万化（见图3.59）。雕刻的构思很精巧，没有设计稿，只在圆木上划几道图案的结构线，巧妙地运用简单几何形态大小疏密的布置及位置的转换，阳刻阴刻并作，图案构成很丰富，表现手法富于变化。雕工并不精细，但图案规整，线条流畅，与整栋木楼的风格十分协调。

3. 枋斗

枋斗的雕饰，趣味性极强，以猪头、龙头、鸟雀、象鼻雕刻在穿出垂花柱 10 厘米的枋头上，用双面线浮雕刻成（见图3.60）。处理手法不一样，有的写实，有的抽象，但都很生动。枋头上的梢（或栓）构成象的两耳，妙趣横生，立体感极强，与垂花柱头的雕刻有机地结合，增强了木楼的艺术效果。挑枋头部镶龙头，画鱼及云纹；都非精雕细刻之作，似无意留下的痕迹，恰是独具匠心的艺术作品。

图 3.59　吊柱雕饰

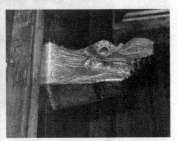

图 3.60　枋斗雕饰

4. 美人靠

美人靠是退堂靠边的栏杆,一般在侧边的栏板上雕刻镂空成简单的几何装饰纹样(见图 3.61)。

图 3.61　美人靠[2]

5. 木门窗

黔东南民居门窗的形式简洁大方，木质材料易加工处理，匠人可依据屋主的要求进行制作，门窗的花样没有统一的规定，做法也均不相同（见图 3.62）。窗扇一般采用几何图案，2~3 厘米宽的木条通过不同的铆接方式，组成方形、菱形或多边形的图形，并由其按照一定的规律和节奏重复组合。除几何图案外，门窗也会使用花、草等植物形象，表达他们对自然的热爱。

图 3.62　门窗[41]

6. 屋顶脊饰

苗族民居的脊饰简单易做，几乎每家每户都有屋脊装饰。通常在屋脊上垒砌上一排立瓦，与屋面长度一致，不仅能够作为压脊将瓦垄上端压住，以防瓦片松动被大风吹走，而且作为建材储备，时刻为将来屋面瓦片受损需要替换而准备。同时，脊瓦两端也会继续用瓦片堆叠上扬做起翘（见图 3.63），中间则用瓦片堆叠成脊花（见图 3.64），俗称"腰花"，可以直接用三片青瓦堆成出三角形，也可以做各种造型垒出铜钱、花朵、菱形等装饰图案，这些由小青瓦堆叠拼制而成的脊花，代表了苗族人对于吉祥、安康、富裕、长寿愿望的寄托。

图 3.63　屋脊起翘[41]

图 3.64　屋脊中花[41]

【复习思考题】

1. 苗族吊脚楼类型有哪些？其功能布局如何？请举例进行说明。

2. 苗族吊脚楼空间组合有哪些？

3. 苗族吊脚楼与山体、道路的关系？请举例进行说明。

4. 侗族干栏式布局特点，苗族民居和侗族民居的区别与联系？

5. 黔东南民居构架体系特点，请结合具体例子进行说明。

6. 请举例说明黔东南民族民居的装饰构件和特点。

第4章 鼓楼

💡 **学习提示**

　　侗族鼓楼是侗族村寨标志性公共建筑。侗族有个说法，先建鼓楼后立寨，从中可以看到侗族鼓楼在侗族村寨的重要地位。通过本章的学习，重点掌握侗族鼓楼分类和结构特点，为后期民族村寨调研做好准备。

☆ **学习要求**

　　通过本章的学习，学生应了解侗族鼓楼的社会功能、发展历史和装饰特点，重点掌握侗族鼓楼的分类和"中心柱型"鼓楼的结构体系、构架体系和构造特点。

4.1 侗族鼓楼的渊源和社会功能

史料及侗族民间对鼓楼的称谓，概括起来有两个方面的含义：一是源于形，称为"百"或"楼""独脚楼"；二是因其用，称之为"罗汉楼""聚堂""堂卡""堂瓦""鼓楼"。虽然侗族鼓楼究竟起源于何时何地无史可稽，但是综合考察侗民族的民间传说、民间信仰、民族语言乃至史料记载、建筑实物，侗族鼓楼既是社会生活的需求所致，其形式又与结构技术乃至功能需求的发展密切相关。

鼓楼是侗族特有的建筑。一个村寨建设之始，必先建鼓楼。

鼓楼是侗族村寨的象征，是侗族的象征，是村寨和族性的标志。鼓楼之所以占据中心位置，是因为它是一个神圣的空间。鼓楼的神圣性首先在于它风水意义上的特殊性：侗族人建寨时鼓楼的安放有"点穴"的意思，就像侗族歌谣中唱的那样"鼓楼建在龙窝上"。不仅如此，它还有着多层的神圣含义。

4.1.1 鼓楼的历史起源

百越先民在巢居时代就已产生在巨杉之下"行歌坐月"的群体社交活动习俗。直到今天，有些侗族地区的田坝中心、山峰要道路旁，还保留着千年古杉，供登山劳累者歇息；生产季节劳动时把暂时不用的农具、雨具、饮食篓子放置在田坝中心的巨杉之下，夏乘凉、冬烤火，谈今道古，尽情休息，巨杉就是鼓楼建筑的前身。

百越后裔进入农耕时代后，多选择在巨杉之地建寨，随着人口的发展，在选地建寨时难以找到既依山傍水又有巨杉之地，便在建寨时先选定鼓楼定点之地栽一株小杉树，再测定住房的整体布局。建寨后再在小杉之地开始建造形似巨杉的独脚楼。独脚鼓楼的建造，是伐一株巨杉木埋地立柱，采用十字架形凿桦穿枋，层层加瓦，四面倒水，高五至七层不等。在底层的穿杨四端加撑短柱，减轻独柱的负重，使整体稳固。

在侗族民间，鼓楼亦有多种称谓，如：

"百"（bengc），堆垒，意为木头堆积而成的房屋，矮小的棚子。

"楼"（lougc），出现在祭祖歌中，与汉族称呼无异。

"堂卡""堂瓦"，意为众人说话的地方，众人议事的场所。

侗语称鼓楼为"播顺"，即"寨胆"。鼓楼是村寨的灵魂，是凝聚村寨，凝聚族群的磁极。

虽然鼓楼究竟始建于何时何地无史可稽。不过，侗乡世代相传：从有侗族村寨的时候起，就有鼓楼了。最早见于史书的是明代散文家、侠士邝露在他的《赤雅》一书中，对鼓楼有这样的描述："以大木一株埋地，作独脚楼，高百尺，烧五色瓦覆之，望之若锦鳞然，男子歌唱、饮口敢，夜间宿缘其上，以此自豪。"

其实《赤雅》所载已是越人建筑鼓楼采用仿生巨杉的后期。邝露所描写的"独角楼"，在今天的侗乡，已经不见了。"以大木一枝埋地，作独角楼"，应是脱胎于巢居的，但它不是一般的"居",因为虽然男子们"夜缘宿其上",但也是只是男子们如此,并非整个家庭的男女老少皆夜宿于此。这种独角楼的主要功能,是供公众交流、休憩、娱乐(唱歌饮嗽),所以它是公共建筑。

关于鼓楼的起源,在三江、龙胜等地还流传着这样的故事:从前,有一位聪明又漂亮的姑娘,名叫姑娄娘。姑娄娘和寨子里的人们一起,过着平静的生活。可是,强盗们却打起了村寨的主意,要劫掠村寨的财物并掠走寨中所有的姑娘。寨中人得知消息,很是忧愁。聪明的姑娄娘便向寨老献了一条妙计。天黑以后,寨老依计而行,命人将寨门打开,指挥着青壮年男子埋伏在暗处,专等盗匪前来。盗匪果然来了,轻而易举就闯进了村寨。这时,姑娄娘带领姑娘们一齐用手掌击打蓝靛桶中的水面,其声若鼓,这是信号。青壮年们闻声从暗处杀出,制服了盗匪。事后,寨子里的人便议定造一座木楼,楼中悬鼓,每遇大事便击鼓聚众,击鼓传信。从此便有了鼓楼。

据其他资料记载,《玉屏县志》中写道:"南明楼,即鼓楼,明永乐年间建。""其始基以坚础,竖以巨柱,其上栋楠题护之类,凡累三层。"《沅州厅志·艺文志》张扶翼"鼓楼记"也说:"邑治旧有鼓楼,创自弘治年间,规模宏壮,巍然为一,现岁久倾颓。"在清代流传的侗族叙事歌《珠郎·良美》里,就有良美在鼓楼里"击鼓传众"的情节;在歌颂吴勉起义的民间传说里,也有通过击鼓的方式,号召侗家儿女和官府斗争的描述。还有清代雍正年间有关资料记载:侗人"以巨木埋地作楼高数丈,歌者夜则缘宿其上……"。可见鼓楼在明末清初开始见于史册了,距今约三个多世纪。

4.1.2 鼓楼的社会文化意义

1. 原始崇拜——中心柱

仍保留有原始社会遗风的侗族社会里,杉树被认为是可以给人们带来庇荫的神树。侗族《进寨歌》里说:"在我们冷剩定岑昂……有一株九抱大的水杉……一是保佑寨子的神树。"侗族村寨"未立寨,先立楼"时,往往在基址或场坪的中央竖一根杉木作为标志。没有鼓楼的地方,春节期间要踩歌堂,便临时砍一棵杉树,立于场坪中,当作"鼓楼",人们围着它唱歌、跳舞。这些都说明独柱鼓楼的中心柱与原始树崇拜有着某种联系。

另一方面,这种种形态的中柱、神杆、寨心神等,同时体现着祖先崇拜和生殖崇拜。侗族《祭祖歌》中唱道:"未置门楼,先置地土。未置门'寨门',先置地'萨柄'"。这里将"楼"与"萨柄"——侗族"萨岁"女神的祭地相提并论。侗族村寨中的"萨堂"与"鼓楼"相互对应,萨堂是供奉萨神的处所,它反映出侗族人民对女性的崇拜,是母权的象征,鼓楼虽没有祖先牌位,那么"楼"(中柱)的"竖立"应带有象征意味,它是男性的生命符号。"在各个时期和大多数文化中,中心的位置常常用来给神力或一些其他的崇高力量以视觉表现"。中心所具有的方向感、安全感、认同感、归属感,往往借助于具体的物体做出形式上的宣示,并通过它从视觉上、行为上表现出对场所的控制作用。

2. 族性标志

现存的众多鼓楼,遍及通道、龙胜、三江、从江、黎平等县较古老的侗族村寨。如前所述,侗族村寨是以"斗"这个具有血缘联系的单位构成的,较大的村寨一般由几个

"斗"组成，那么每个"斗"都会有自己的鼓楼。如黎平肇兴大寨的人们汉姓都为陆，内部却有"斗拍""斗邓""斗闷""斗告""斗格"五个"斗"。再如贵州省黎平县永从乡上寨村，汉姓为石，对内则有柴、高、沈、钟、兰五个姓氏之分。"楼"作为祖先崇拜和生殖崇拜的产物，自然成为这种血缘单位的象征，亦是一个社会组织的标志。同属一个"斗"内的人们，以"楼"作为族姓认同的标志。"鼓楼"即"斗"的这种家族认同，在侗族的婚姻制度里，同属一个"鼓楼"的人们是不能通婚的。

也有一些建寨较早而人口较少的村寨有几个"斗"共建一个鼓楼的，贵州从江县高增乡占星村共有"斗务""斗得""斗全堂""斗大"和"斗闷"五个"斗"，由于人口较少，全寨仅有一座鼓楼，作为村寨的象征。

"鼓楼"同时也是家族或村寨地位的象征。侗族地区有"腊卡"、"腊更"寨之别，"腊卡"寨是较先定居一地的群体，"腊更"则是后来迁入或投靠"腊卡"寨的人群，他们得到"腊卡"的容留和无偿的接济，履行各种义务，每年给"腊卡"世代送礼，永尊腊卡为长辈。清李宗防《黔记》记载，"洞崇苗在占州……居大寨为爷头（即腊卡），小寨为侗崇（即腊更），每听爷头使唤"。清嘉庆年间任古州厅同知的林溥所撰《古州杂记》载："……小寨不能自立，附于大寨，谓之侗崇，尊大寨谓之爷头，凡地方公事均大寨应办，小寨概不与闻，亦不派累，如古附庸之例。""腊卡"与"腊更"寨在社会生活中有明显的隶属和从属关系，有一定的等级差别。《黔记》载："婚姻各分寨类，若小寨私与大寨结婚，谓之犯上，各大寨知之，则聚党类尽夺其产或伤其命。"

鼓楼作为家族的象征，以物化的形式彰显了这种等级关系。处于"腊更"地位的寨子，鼓楼的规模大小、层数多少与装饰程度均受到限制。如从江县往洞乡的牙现寨，从前是为信地寨守坳看河的"腊更寨"，牙现鼓楼是六边形九重檐攒尖顶，各层翼角均无起翘和装饰；信地鼓楼则为八边形十三重檐攒尖顶，飞檐翘角。再如榕江县宰荡乡的加烧寨是由黎平佳所迁出，该寨建有三层攒尖顶鼓楼，曾准备将鼓楼加建升高，因碍于它是佳所的外迁寨而未能实现。贵州省从江县增盈地区在历史上还发生过"腊卡"寨拆毁"腊更"寨鼓楼的事件。

3. 鼓楼认同

侗族村落作为小群体社会，在原始崇拜的影响下，在血缘族姓观念生成发展过程中，形成了共同的生活方式与习惯成自然的种种文化规范。在表层生活现象之下，潜在的是村民群体的共同价值观念和由相通的个人感受所构成的集体认同意识。这种集体认同意识，对鼓楼的含义是一个互动的过程。

对个人之属于村落的认同仪式，最先开始于某个人的命名仪式，也是新生者的重要人生礼仪。婴儿满月时在鼓楼进行第一次命名活动取奶名。当他（她）长成 11 岁或 13 岁时在鼓楼里全"斗"人的面前进行第二次取名，这次命名叫作"鼓楼名"。在非鼓楼的其他地方的取名不被"斗"内人承认，也不承认有另外的命名场所。这种类似于"成人礼"的鼓楼取名仪式明确表示他（她）被社会正式接纳。社会与个人的认同还表现在丧葬仪式上。按侗族习俗，凡年满 60 岁以上正常去世的老人，或有名望但未到 60 岁的正常死亡者，都可享受灵枢摆设鼓楼，和在鼓楼坪举行隆重葬礼的待遇。

不仅建筑的地位经由礼仪象征性地转化为一个人的社会地位,而且建筑物的主要部件主承柱亦成为村寨人的荣辱标志,主承柱——中柱上的附着物、饰物成了一种象征。代表村寨胜利的斗牛牛角挂在主承柱上,表达喜悦与自豪的情绪,斗输了的斗牛牛角也挂在主承柱上,是悲惨与羞辱的标志。大铁钉钉入主承柱是表示斗与斗、寨与寨之间的重大事情已经决定,永不反悔。

就这样,通过在鼓楼内进行的一些仪式向个体表达了这种集体认同,而礼仪所使用的空间与场所——鼓楼也因之成了有活力的传承集体认同意识与发挥功能的有机体。那么,在鼓楼中所进行的种种民俗文化仪式,使村落成为民俗传承的生活空间。

4. 仪礼交往

侗族聚族而居,由氏族社会向款制社会发展,"楼"精神层面上的象征意义,逐渐隐退到历史文化的深层中。因被赋予越来越多的实际功用,"楼"成了村寨中重要的公共建筑。

史料所载"聚堂"和侗语"堂瓦"含义相近,意为众人说话的地方、众人议事的场所。侗族史学家张民在《试探侗族鼓楼》一文中对"罗汉楼"的称谓做了考证,汉称"男子者"即侗称"罗汉"之谓也。可知"罗汉楼"之名,乃是侗语的称谓,每当客人来本寨,寨内"罗汉"皆咸集于"楼"里,款待外来姑娘,并与之对歌作乐。这时,人们皆称此地曰"楼罗汉"。由此可见,早期的鼓楼集中地体现了两个重要的社会功能:一是聚众议事,二是青年娱乐。后来,鼓楼的社会文化功能逐渐辐射到侗族人民生活的各个方面。首先是宣传村规民约、执行规约、处理难解纠纷的政治活动场所;其次又是侗寨经济活动的商议场所,如"开秧门"的栽秧仪式,兴建水利工程,狩猎渔捞等活动的日期安排在鼓楼内议定,商定物价、控制粮食等与集体利益有关的经济问题是在鼓楼内讨论的重要内容;三是款军集结的军事活动中心;四还是对歌、"摆故事"、老人闲谈、迎宾送客、交谊歌舞等日常文化活动的场所。

在这些活动之中,举行"多耶"仪式是一种特别的鼓楼活动。"多耶"从根本上强调了侗族社会中鼓楼的统领角色,鼓楼的地位通过仪式转化为"沟通"日常生活的力量。陆游《老学庵笔记》载:"农隙时,至一二百人为曹,手相握而歌,数人吹笙在前导之。"这说明"耶"是一种古老的民间歌舞。"多耶"仪式在萨神祭祀、纪念活动和节日庆典时举行。当芦笙乐起,鼓声笛声相伴,人们锦衣华饰聚集在鼓楼前的广场上,手拉手围成圆圈或是螺线,尽情歌舞欢唱。

这些政治、经济、军事、文化的各类活动,无不贯穿了增强其民族向心力,强化民族内聚意识的精神主线。侗家人通过参加在鼓楼内举行的各种世俗活动,逐渐形成了具有本民族特点的文化精神和价值体系。

5. 击鼓传信

侗语称鼓楼,至今没有统一的名称,"楼""百""堂凡""堂卡",均没有鼓的含义,早期的"鼓楼"是否已立楼悬鼓,不能妄言。

明万历三年本《尝民册示》中,始有"鼓"与"楼"一齐出现。而将"鼓""楼"并称的时间见诸文献的就更晚了,大多于清代至民国年间,如清乾隆年间《玉屏县志》和清嘉庆李宗防《黔记》中的"鼓楼",和《沅州厅志·艺文志》张扶翼《鼓楼记》所述:

"邑治旧有鼓楼，创自弘治年间，规模宏壮，巍然为一，现多久倾颓。"上述史料均说明，"楼"中置鼓的时间至早在明代，在"罗汉楼""聚堂"的基础上，增设"长鼓"，演变成现今的鼓楼，而且增加了一项新的社会功能：击鼓传信。姜玉笙因此说广西平流地方"村南通黔，村北通楚，各建鼓楼一座，取成鼓成之遗制也"。"鼓楼"的基本性质仍是集会的场所，只不过是悬挂了长鼓，以利召集众人，所以楼中无鼓的鼓楼亦广泛存在（至于鼓楼有登高眺望作用一说，不足为信，原因是有的鼓楼层数低矮，无法眺望，而体形高大的鼓楼又重檐密集，视线不佳）。

4.1.3 黔东南州侗寨鼓楼发展历史和分布

如果只把黔东南州的鼓楼拿出来分析研究，会由于实例太少，导致论证不充分，在此将把整个侗族聚居区的鼓楼提出来分析论证鼓楼结构类型的时间分布。

现存最早的鼓楼为从江增冲鼓楼，始建于康熙十一年（1672 年），而最年轻的鼓楼则在不断诞生中。各类型鼓楼在时间上演变如图 4.1 所示。

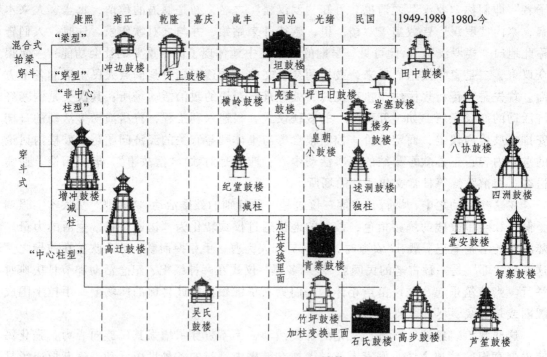

图 4.1　鼓楼类型演变[12]

从图 4.1 可得出几个信息：

（1）混合式鼓楼中的"梁型"鼓楼主要在清朝修建，且风格和体量变化不大。

（2）混合式鼓楼中的"穿型"鼓楼在 1949 年之后也很少修建，主要建于清朝晚期到民国这一时段。

（3）穿斗式鼓楼中的"非中心柱型"鼓楼实例也非常少，有清末的皇朝小鼓楼和 1949年的新寨鼓楼

（4）"中心柱型"鼓楼随时间推移，得到大力发展，特别是在 1949 年以后。

　　黔东南侗族地区的南侗地区是鼓楼集中的地方，其中又主要分布在黎平、从江、榕江三县，据不完全统计，三县共存鼓楼三百座之多（包括历代修建的单层、简易鼓楼），现存鼓楼一百八十余座（大多是近几年新修的，有点年份的被当地记录在案的只有数十座），见表 4.1。这么多鼓楼建筑外形各异，千姿百态的鼓楼，但其形态都是根据物质或精神的功能需求逐步演变而成的，如图 4.2 所示。

表 4.1　黔东南典型鼓楼

编号	鼓楼名称	建造时间	地点	编号	鼓楼名称	建造时间	地点
1	增冲鼓楼	康熙十一年	从江往洞	11	归柳鼓楼	1981	榕江栽麻
2	高仟鼓楼	雍正年间	从江往洞	12	腊全鼓楼	1982	从江贯润
3	则里鼓楼	乾隆三十一年	从江往洞	13	信地鼓楼	1984	从江往润
4	纪堂鼓楼	清晚期	黎平肇兴	14	堂安鼓楼	1981	黎平肇兴
5	青寨鼓楼	光绪九年	黎平坝寨	15	肇兴五鼓楼	1981	黎平肇兴
6	竹坪鼓楼	光绪十二年	黎平岩洞	16	坝寨鼓楼	1986	从江高增
7	述洞鼓楼	1921	黎平岩洞	17	平球鼓楼	1990	从江高增
8	宰荡鼓楼	1929	榕江栽麻	18	四洲鼓楼	1991	黎平岩洞
9	新塘鼓楼	1963	黎平肇兴	19	竹坪鼓楼	1995	黎平岩洞
10	苗兰鼓楼	1979	榕江栽麻	20	车寨鼓楼	1997	榕江车江

图 4.2　黔东南鼓楼[26]

4.2 侗族鼓楼分类

4.2.1 按外形分类

鼓楼按其外部形态大致可分为厅堂式、阁楼式、门阙式和密檐式四类。

（1）厅堂式。

厅堂式为比较早期和简单的鼓楼形式，单层或重檐，形制近似于普通的厅堂建筑，仅因聚众议事的用途而修建（见图4.3）。鼓楼最初的作用就是作为紧急开会的临时场所。背山面水，然后4根木柱，上面搭树皮，四周围上木板可遮风挡雨，周边设木凳让人歇脚，鼓楼中心可以供人取暖，最多能够容纳数十个人。后来经过不断的发展，建筑风格和功能都有了很大的提高。这种类型的鼓楼因年代久远，所以较为少见，广西三江县林溪村岩寨鼓楼、龙胜平等乡吴氏鼓楼，属这种类型。

图4.3 厅堂式鼓楼[11]

（2）楼阁式。

楼阁式受汉族文化影响较大，形似汉族的楼阁式木塔，其特点是鼓楼层檐间距大，檐层翼角起翘，形似阁楼，可登高望远，如从江庆云寨、银粮寨和榕江车寨鼓楼（见图4.4）。此类鼓楼也较为少见。

（3）门阙式。

门阙作为对鼓楼的陪衬，一般设在村寨口处，与寨门合一。因其将鼓楼的使用功能和交通过道功能合在了一起，所以不便于使用，现在这种形式的鼓楼已经很罕见，如锦屏县敦寨镇亮司村的入口处的鼓楼（见图4.5）。

（4）密檐塔式

密檐式鼓楼为鼓楼最成熟和经典的造型，及楼、阁、塔、亭的建筑特点于一身，具楼阁之资、宝塔之壮观（见图4.6）。密檐式鼓楼造型丰富，下部高大，为主要使用空间，上面是层层出檐，顶部为顶亭，多为歇山或攒尖顶，同时底部和顶亭又有单、双重檐之分。

图 4.4　楼阁式鼓楼[2]

图 4.5　门阙式鼓楼[2]

　　密檐塔式的早期雏形为亭式鼓楼，其造型相对简朴和体积小，其外形类型亭子，但具有鼓楼的功能（见图 4.7）。

图 4.6　密檐塔式鼓楼[11]

图 4.7　亭式鼓楼[11]

4.2.2　按营造技术分类

现存的鼓楼多为清初到当代的建筑，从木结构体系上可划分为两大类型：抬梁穿斗混合式和穿斗式。如图 4.8 所示。在各类型中都包含了底层架空的"干栏"鼓楼，即不把底层是否架空作为结构技术划分的依据。

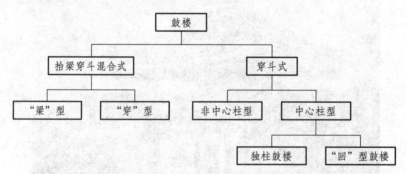

图 4.8　鼓楼结构类型[12]

1. 抬梁穿斗混合式鼓楼

这种鼓楼的檐柱或金柱之间以枋连接，上面立短柱然后再承托三架梁或五架梁，在局部形成抬梁结构。实际上就是说一部分的檩是靠梁来承托重量的。这种做法的优势其实和汉族建筑穿斗抬梁混合式相同，在于能有较为宽敞的檐下空间和中部空间，但建筑形体不会太高大，平面形式为矩形，屋顶多为悬山或歇山，更形似于汉族建筑的厅堂建筑。混合式的做法又可细分为"梁型"和"穿型"。

"梁型"是指瓜柱支撑三架或五架梁，上金檩、中金檩直接落在柱头之上，也就是"柱承梁，梁承檩"的关系（见图 4.9）。

"穿型"则指的是梁承瓜柱，瓜柱直接承托檩，而瓜柱之间以穿枋连接，但瓜柱和下层"穿梁"的关系仍是插入，而不是"穿"（见图4.10）。

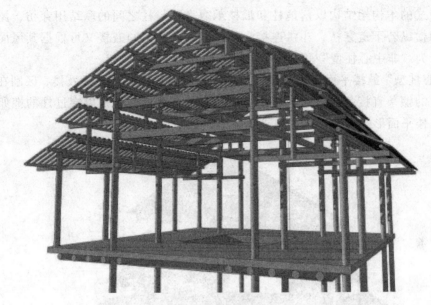

图4.9　"梁型"鼓楼[26]

图4.10　"穿型"鼓楼[26]

那么，鼓楼的所谓正面和建筑横向、纵向的尺寸大小没有必然的联系，并不像汉族建筑中的厅堂强调横长方形的平面，屋面的做法（悬山或歇山的方向）决定了建筑的主要立面或山面。因此，建筑物各个方向的主次关系有很大的灵活性。

这两种鼓楼的单体建筑结构简明，造型也较朴素、简单，常常与寨门、戏台、长廊结合在一起，或者经过加、扩建，成为形体独特的建筑组合体，并由此创造丰富的村寨公共活动空间。

2. 纯穿斗式鼓楼

纯穿斗式的木构架结构以落地柱和瓜柱承檩，柱与柱之间的联结用穿枋，屋架由顶部的檩条和横纵若干道穿枋、斗拱连接为整体。这种类型的鼓楼又可根据其屋面类型和受力特征分为"非中心柱型"和"中心柱型"鼓楼。

"非中心柱型"鼓楼平面形式和屋面造型类似于抬梁穿斗混合式鼓楼，区别在于其木构架中所有的檩条直接落在柱头上而不是梁头上，水平构件都是以穿过柱的榫卯形式完成。这种鼓楼平面形式同样不刻意追求正方形，如图 4.11 所示。

图 4.11 非中心柱型穿斗式鼓楼[26]

时期比较早的"非中心柱型"鼓楼形式较简单，多为单檐悬山，可能是直接沿用的民居的形式。而到了清中晚期，"非中心柱型"鼓楼的体量有了一定的发展，经常会发现采用重檐歇山顶或悬山与歇山顶组合的屋面形式。民国时期更出现三重檐以上的鼓楼建筑。为形成多层重檐屋面，金柱内的瓜柱通常层层收进，并以 45°斜向穿枋与金柱连接，最顶层的屋架多为五瓜两挑檐，如广西三江县独峒乡高定村楼务鼓楼。

"中心柱型"鼓楼相对于"非中心柱型"鼓楼而言，平面为正多边形，而且在几何图形的中心有贯穿上下的中心柱或者有雷公柱。因此屋面为多重檐攒尖，其造型高大挺拔，在侗寨中自然成为构图中心与垂直标志（见图 4.12）。"中心柱型"鼓楼则充分体现了侗族建筑在穿斗式结构上的创造与发展，而且鼓楼造型丰富多彩，构造作法多种多样。

（a）模型　　　　　　　　　　　　　（b）实物图

图 4.12　中心柱型穿斗式鼓楼[26]

4.3　侗族鼓楼的结构组成

侗族鼓楼集塔、阁、亭三种中国古典建筑形式于一体，其外形兼具宝塔的雄壮英姿，楼阁的别具风韵，凉亭的清新雅致（见图 4.13）。鼓楼主要由三个部分组成：阁底、塔身和亭顶。这三个部分功能、结构形式各不相同，造型灵活多变，充分体现了侗族工匠巧夺天工的高超技艺。

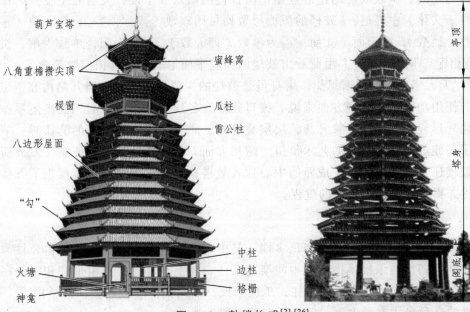

图 4.13　鼓楼构成[2] [26]

1. 阁底

阁底是鼓楼的公用交往空间，也是鼓楼的主要使用空间。它指的是其基座以上、楼身以下的部分，是鼓楼主要功能部分，楼底平面形式较为规整，多为正方形或是矩形，也有六边或八边形的，大多数鼓楼楼底只有一层，有的以围栏相围，有的则敞空，中置火塘，围绕火塘四周设置木板长凳供村民议事、休憩，如图 4.14 所示。另有一部分鼓楼则是阁楼形式，首层放置杂物或者用以议事，二层主要用于村民休闲娱乐。

图 4.14　鼓楼内部

2. 塔身

作为鼓楼的主要结构部分，鼓楼的塔身是鼓楼造型艺术和结构技术的精华所在。侗族鼓楼多为多角重檐结构，有的甚至是多柱变角重檐式，楼身造型优美，灵活多变，大小风格各不相同。侗族鼓楼的建造遵循中国古代阴阳八卦学说，吴浩先生在其著作《中国侗族村寨文化》中提道："鼓楼的屋檐层数均忌用双数（或称偶数），因地面（平面）数为双数（地数），故天面（立面）当为单数（即天数），双数为阴，单数为阳，讲究的是'天地相配''阴阳结合'。"由此看出鼓楼的阁底平面形式和塔身檐层数蕴含了古代"天人合一""天人感应"的和谐思想。塔身虽是鼓楼的主要组成部分，但其结构和造型功能多过于其使用功能，从造型方面来说，檐口较塔身各层突然抬高，起到突出冠冕作用，使得鼓楼外形轻盈洒脱，高耸升腾，层层叠叠向上收分的密檐所带来的韵律感，节奏感均体现了侗族鼓楼独具一格的艺术价值。结构方面，无论是最初由象征意义发展而来的独柱式鼓楼还是现在技术趋于成熟的中心柱式鼓楼，楼身作为结构主体展现了鼓楼结构的多样性并揭示了其逐渐演变的过程。

3. 亭顶

侗族鼓楼的亭顶造型各异，变化多端。其中攒尖顶大多数是利用穿过雷公柱与瓜柱的"米"字穿枋出挑承接挑檐凛，中间架起瓜柱，柱上承金檩，再由瓜柱和雷公柱构架上层"米"字穿枋，中间立上层瓜柱，瓜柱承檩，以此类推形成鼓楼顶部结构。

鼓楼的亭顶形式有攒尖顶、歇山顶和悬山顶三类。

（1）攒尖顶。

① 按形状分为：四角、六角、八角攒尖顶（见图 4.15）。

图 4.15 不同形状攒尖顶

② 按层数分为：一重、两重攒尖顶（见图 4.16）。

图 4.16 不同层数攒尖顶

（2）歇山顶（见图 4.17）。

（3）悬山顶（见图 4.18）。

图 4.17 歇山顶 图 4.18 悬山顶

4.4 侗族鼓楼构架体系

鼓楼整体木结构的柱、梁、枋、檩、椽是非常典型的穿斗木结构体系，这种结构体系在我国长江流域及其以南的广阔土地上，使用非常广泛。整个结构不用铁钉，全是杉木穿凿衔接，大小条木横穿直套，纵横交错不差分毫，结构非常严谨。方形平面中部 4 根内柱为擎天柱，直通屋顶。若平面为六角形、八角形，其内柱即为 6 根和 8 根，也有 4 根内柱的。如林溪乡平铺上寨八角形平面鼓楼，独峒乡干冲上寨、中寨鼓楼平面为八角形，内柱为 4 根。檐柱与内柱之间的关联均巧妙加以处理。也有鼓楼仅由 1 根擎天柱支撑，这是一种古老的宝塔结构体系。一层外墙边缘为檐柱，其间用枋连接，上部为窗，下部为窗下壁板墙，分隔室内外。距地面 30 厘米处往往置厚 8 厘米、宽 30 厘米的木板，将外檐柱连通，既可以为凳坐人，又起结构连接作用。中间内柱底部有时也如此处理。内柱底部往往置雕刻精美的石鼓凳，而檐柱有的置石鼓凳，有的就置砌于平台面的块石上，一般不做深基础，处理非常简单。上部屋面各层挑檐做法即在内柱和檐柱间架穿斗枋，结合瓜柱层层穿插外挑，枋上架檩，檩上置椽，椽上直接铺小青瓦，正反相扣。椽上不铺木望板或望砖。小青瓦宽 23 厘米，长 18 厘米，与我国江南地区的小青瓦尺寸基本一致。外挑檐往往只有檐椽，没见过飞椽的构件。斜脊处即以简单的角梁构造处理，没见到老角梁、仔角梁的构造做法。外檐多为平直线，保留了我国汉唐时期屋檐平直的特色。目前从出土的汉明器物和汉画像砖中的建筑看，汉代时屋檐多为平直。鼓楼的构件少则几百，多则上千，如图 4.19 所示。主要构件如下：

（1）主承柱：侗语称 dong（音译，以下同属音译）。一般为整根粗大的杉原木，置于中心或内环，杉原木有多高，楼就有多高，故有俗称"擎天柱"。

（2）檐柱：侗语称 dong nai，也为原木。高度一般为底层或 2 层层高，置于外环，檐柱的数目和布置决定鼓楼的平面形状，有承受上部重力和固定楼板的作用。

（3）吊柱：侗语称 dong zhu，其特征为不落地。一般位于鼓楼一层或二层，由上下梁枋出挑承重，下部柱头多为莲花垂，柱之间为格栅窗。

（4）瓜柱：侗语称 dong ga，一般为中细原木，高度短小。底部置于下层梁枋上。上部开洞插入上层梁枋，柱顶支撑上部檩条。底部与下层梁枋的连接有多种方法。

（5）雷公柱：侗语称 Dong sen，用于支撑鼓楼攒尖顶的中间独柱。

（6）梁枋：侗语称 be，置于主承柱之间。

（7）瓜枋：侗语称 ga，为连接主承柱与檐柱、瓜柱之间的木枋。其本身也支撑着上层瓜柱的荷载。

（8）大梁：侗语称 pin cou，是搁置雷公柱的唯一大梁。由于其特有的精神寓意和构造作用，故选材要求为平铺下寨鼓楼构架图，可一目了然。

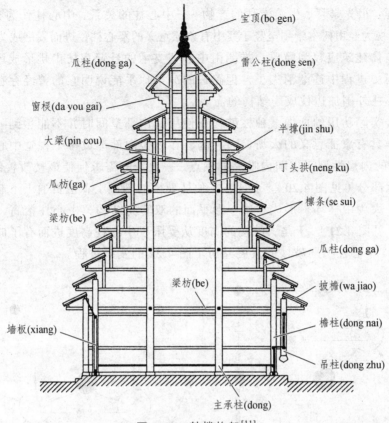

图 4.19　鼓楼构架[11]

4.5 "中心柱型"侗族鼓楼的结构特点

4.5.1 "中心柱型"鼓楼的发展历史

明朝邝露《赤雅》记载的"独脚楼"现存最早的是位于贵州省黎平县岩洞乡述洞寨的述洞鼓楼，建于民国十一年（1922年）。这座鼓楼坐落在述洞寨的坡顶，当地人称之为"楼劳栋"，直译为独柱楼。述洞鼓楼如《赤雅》所说，鼓楼中心以上下贯通的"大木一株埋地"作为主承柱，其外围有八根短边柱，通过交错于中心柱的八根穿枋与中心柱相连。这八根穿枋直接出挑承托挑檐擦，与边柱上的正心檩共同支承椽皮形成第一层檐，同时穿枋作为第二层瓜柱的撑底，如此反复直至第六层。现存的独柱鼓楼只有 3 座，上文的述洞鼓楼和仿造述洞鼓楼修建的 1993 建的广西三江高定村五通鼓楼以及 2000 年黎平岩洞的四洲鼓楼。

据村中老人们介绍，在这一座述洞鼓楼之前，已有两代独柱鼓楼，因年代久远，木朽瓦损，予以重修。建独柱鼓楼的起因是，鼓楼基址原有一株巨大的杉树，大树下成为人们聚众议事、休息娱乐的场所。杉树死后，人们便在原地仿其形状建造鼓楼。联系前述鼓楼与原始崇拜、祖先崇拜、生殖崇拜的产物——中心柱的关系，中心柱作为整个结构关键的独柱鼓楼可视为经由树木崇拜至竖于寨中有象征意义的寨心柱，进而发展成为实体建筑。

早期的实体建筑应较为简单，推测由中心柱支承的悬臂穿枋出挑形成屋架。这种鼓楼在漫长的历史进程中逐渐消失了，但路边的凉亭似乎能说明它的曾经存在。鼓楼空间的扩大，中心柱外围加边柱成为结构的需要。

随着鼓楼实际功用的增加，独柱鼓楼在使用其内部空间时并不能达到一个内聚空间的效果，同样具有象征意义的火塘偏向一隅，在鼓楼内部形成多个视觉中心。扩大室内空间，将鼓楼的内聚性聚于空间内唯一的焦点——火塘的需求促使鼓楼改善结构方式，即扩大中央支承部分（见图 4.20）。于是，在独柱鼓楼的基础上，把贯通上下起主要支承作用的中心柱扩大为中柱环，形成"回"形平面的双套筒结构，中心柱抬高，变为联系瓜柱的雷公柱（见图 4.21）。于是，鼓楼的高度从受限于中心柱高度进而有了向更高发展的可能。所以，"中心柱型"鼓楼的发展经历了图 4.22 的发展过程。

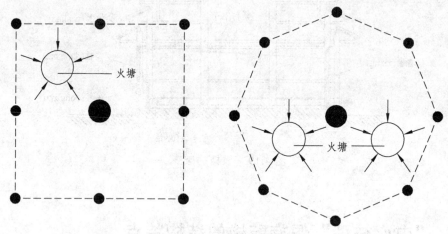

图 4.20　鼓楼内部火塘[26]

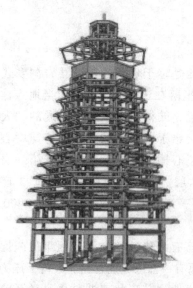
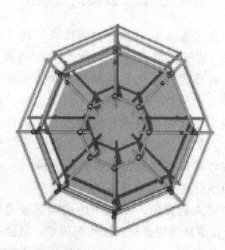

图 4.21　"回"形鼓楼[26]

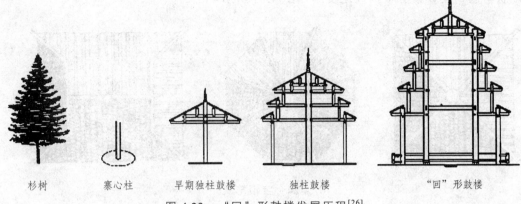

杉树　　　　　寨心柱　　　　早期独柱鼓楼　　　　独柱鼓楼　　　　　　"回"形鼓楼

图 4.22　"回"形鼓楼发展历程[26]

　　"回"形鼓楼源于独柱鼓楼，是"中心柱型"鼓楼的第二种类型。鼓楼中柱与边柱围合的几何图形相同，而且中柱数目与立面相对应的平面布局，其结构较为明晰和简洁。（见图 4.23）这种鼓楼就是在中柱与对应边柱的连线方向用穿枋联结支承瓜柱并且出挑，瓜柱再以挑檐穿枋与中柱相连，如此反复而上。中柱内的瓜柱凭对角线方向的穿枋与雷公柱相连，榀形成一屋架，这榀屋架是重复使用的。同一标高的瓜柱之间，中柱之间均有穿杭与雷公柱联结。这样，在水平面上就形成了层层的箍，将各揭屋架联系起来，使整个空间结构更加稳固。

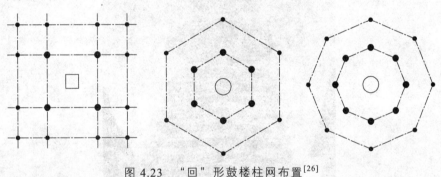

图 4.23　"回"形鼓楼柱网布置[26]

4.5.2　"中心柱型"鼓楼的建筑特点

（1）鼓楼的特殊标志——宝顶。

　　侗族鼓楼的楼身虽高但处理手法相对单一，只是一层层檐面不断地往上重叠并向内收，具有一定的韵律感和节奏感，但就如同音乐一样，除了有平铺直叙的曲调外还应有高潮，而宝顶就是鼓楼的高潮。层层重檐直至顶部，然后顶檐猛的上升六尺（2 米），木柱外露，其中安置窗框，而斜"十"字形的窗格如片片龙鳞。每根亭柱相较中柱往内收一尺（约 0.333 米），恰似蜿蜒盘旋的神龙之颈。宝顶有攒尖式，也有歇山顶式，出檐深远，下部层层斗拱支撑。如增冲鼓楼的八角重檐攒尖顶，其出挑就是用斗拱承重，出挑距离非常大，飞檐翘角。鼓楼最上层重檐的屋面和宝顶下部的蜜蜂窝构成了一个喇叭形的开口，有利于声音的传播。雷公柱贯穿宝顶，丈许高的铁针立于其上，串上复钵后成葫芦状塔刹，使鼓楼更增挺拔之姿。如图 4.24 所示。

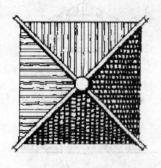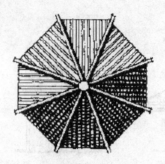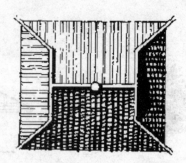

图 4.24　宝顶形式[26]

（2）楼身不封墙。

鼓楼的楼身一般不封墙。底部大多开敞，少数用镶板或砖做窗台，但并不开窗。中柱间设木凳，内设火塘。由于楼身层层密檐之间通透，且出檐深远，故通风挡雨效果都甚佳。在冬季烤火之时，无论风向，都不会出现烟雾倒灌的现象，同时因为层檐架空，在夏季时热辐射也不会大量的传到人们纳凉的范围中来。如图 4.25 所示。

图 4.25　鼓楼楼身[26]

（3）檐层多而楼层少。

鼓楼屋檐层数均取单数，按迷信说法有"活"之意，是可变之数，少的五至七层，多的达到十七层，视具体规模而定。鼓楼虽高，但内部仅有上下两层（一般鼓楼只有两层，但也有鼓楼不只两层，如从江增冲鼓楼），顶部为鼓亭，下面则是一般性的使用空间，如图 4.26 所示。

图 4.26　鼓楼楼层[26]

（4）檐口不起翘。

　　虽说现今留存的或新建的鼓楼多为小青瓦屋面，但在早期侗族无瓦之时，檐面是用杉树皮来铺设的，如檐口起翘，则难以施工，所以现在鼓楼檐口不起翘被认为是早期使用树皮做檐面时流传下来的习惯，如图 4.27 所示。虽然檐口不起翘，但一种叫"勾"的物件被工匠们广泛使用，即把弧状的扁铁钉在角梁之上，外面包由桐油石灰裹塑（或糯米浆），根根白勾如白鹤展翅，如图 4.28 所示。有的鼓楼更会把仙鹤、凤凰、升龙等吉祥、辟邪神物包裹在扁铁以外。

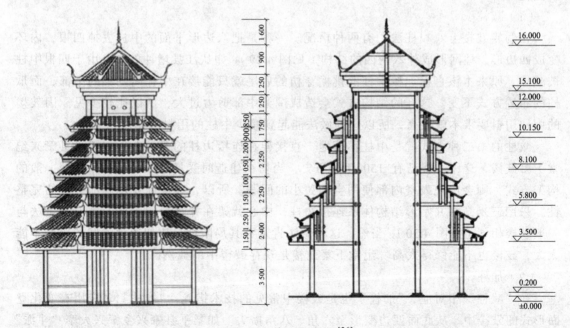

图 4.27　檐口不起翘[26]

图 4.28　勾[26]

（5）独木楼梯。

鼓楼中楼梯为独木。于中柱附近立一细长的木杆，直径 200 毫米左右，在一人高处以上开始每间隔一尺则凿一个眼，然后插入木棍，即谓之楼梯，上可达鼓亭，又不占面积，供人垂直攀登，极为方便。

4.5.3 "中心柱型" 鼓楼的加柱减柱技术

鼓楼的内部空间根据不同的使用功能和要求以及鼓楼造型的需要，在结构上有如下的变化：

（1）减柱。

在侗族鼓楼上 "减柱法" 有两种情况。一种是把八边形平面的中柱去掉四根，内环变成四边形，柱网形成外八内四的结构（见图 4.29）。如从江县增冲鼓楼，由于四根中柱被减掉，原来本该直接连接中柱的挑檐穿枋的后尾就只能接在中柱间围梁的中部，而瓜柱的布置方式不变。这样的结构方式会造成围梁中部剪力过大，所以比较少见。因鼓楼的中柱用料要求本就很高，所以这种做法能起到减少中柱的用料的作用。

减柱的第二种方式就是中柱不落地，直接架在连接边柱的梁枋上。如黎平县肇兴纪堂下寨鼓楼，这座鼓楼已有 150 年的历史，当初在建造时受场地限制，如果按照一般的构架方式，则会出现鼓楼内部使用空间狭小的问题。所以，为保证鼓楼底部空间的完整性，采用三米高的井字形结构体系连接边柱，中心就架在井字形的梁枋上，上部做法与一般鼓楼相同（见图 4.30）。当然，这种做法肯定有其局限性，比如边柱之间的跨度不能太大，鼓楼也不能修得太高。纪堂下寨鼓楼是现存鼓楼中的孤例。

（2）加柱。

和 "减柱" 相对应，"加柱" 也是鼓楼中常见的技术措施。"加柱" 多应用在变化立面形式的鼓楼中，从底面四边变形至六角、八角攒尖。如黎平县肇兴乡肇兴大寨 "斗派"（信寨）鼓楼，是由四边变换立面至八角攒尖的典型。方法就是在中柱和边柱的第一层穿枋上加一根横梁，四根中柱作为八角形的其中四个角点，在横梁的对应位置加柱，与中柱一起构成正八边形；在中柱和边柱的第二层穿枋上加一根横梁，用以支承加柱对应的第一根挑檐瓜柱。如图 4.31 所示。其余做法与前述同。从江县高增乡坝寨鼓楼也是通过类似的办法从底面四边形变形至六角攒尖。立面变形如果从多层檐之上开始，则会加八根短柱，来构成八边形。加柱的方法灵活多样。

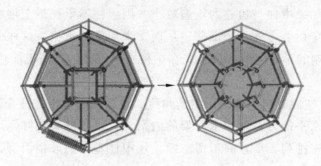

图 4.29　减柱法 1[26]

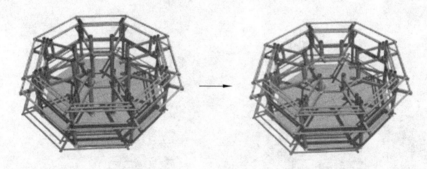

图 4.30　减柱法 2

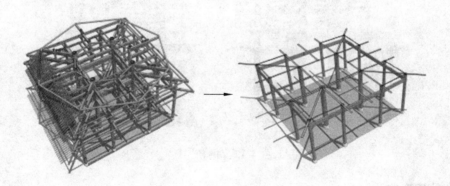

图 4.31　加柱法

4.5.4　"中心柱型"鼓楼的构造的几个细节

采取什么样的结构类型直接导致了鼓楼的基本造型特征，如悬山、歇山、攒尖的屋面形式就与之密切相关；"加柱"或"减柱"又产生了变化立面造型的效果。在基本的形体外，还有一些具体的构造方法丰富了"中心柱型"鼓楼的外部形象。

（1）多重檐。

鼓楼粉白色的瓦口檐枋以及起翘的檐角无论在任何侧面和角度，都富有节奏和韵律感。鼓楼的挑檐都是利用瓜柱和穿枋出挑形成的，瓜柱之间水平距离的远近，直接影响了檐的层数。一般都是将第一层的穿枋等距离划分，瓜柱依此等距向内收分，瓜柱排列越密，檐数越多。如果中柱与边柱的距离较小，则中柱不承托最上层的檩条，而是在中柱内对角线方向的穿枋上多加几个瓜柱，从而又增加了几重檐。这样的方法还可弥补中柱高度受到木材限制的不足（除此以外，在中柱上接短柱的办法也能达到这一目的）。

（2）"侧角"。

"侧角"即将中柱同时向内倾斜一定的角度，柱脚向外抛出，柱头向内收进，此举借助于屋顶重量产生水平推力，增加木构架的内聚力，以防散架或倾侧。瓜柱由下至上或依此角度或竖直紧密排列，瓜柱间不留空隙。较中柱垂直的鼓楼而言，体形更加瘦削、挺拔。如图 4.32 所示。

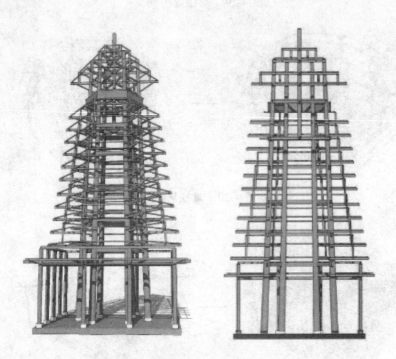

图 4.32　侧角[26]

（3）外轮廓曲线。

鼓楼除顶层屋面有举折外，各层尾面的坡度一般为 5 分水，这样便于计算瓜柱的高度和挑檐杭的长度。有的鼓楼，各层挑檐的步长、步高一致，所以除顶层外各檐口间的连线为一斜直线。但是还有相当多的鼓楼外轮廓呈微向内凹的反曲线。即在保持瓜柱间的水平距离和屋面坡度相等的条件下，调整各层檐擦的高差，出檐的长度随之长短不一，如从江县的增冲鼓楼。外轮廓线经过这样的处理之后，鼓楼显得更加轻盈、秀美。如图 4.33 所示。

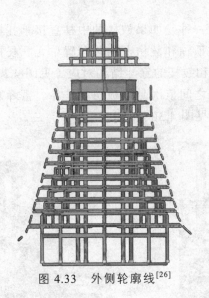

图 4.33 外侧轮廓线[26]

4.5.5 宝顶斗拱构造做法

位于贵州的"中心柱型"鼓楼,顶部檐口均较以下各层升高,中柱或瓜柱顶端设棂窗形成"楼颈",再由如意斗拱(当地工匠俗称为"蜜蜂窝",见图 4.34)将顶层檐口出挑。"蜜蜂窝"的基本单元是由一根长拱和两根成一定交角的短拱组成,拱头部分作简单的圆弧或曲线形。基本单元交错排列,互相穿插,联系为整体。长拱层层向外出挑,承托顶部檐檩,在檐口下形成密集而华丽的装饰。

图 4.34 如意斗拱[26]

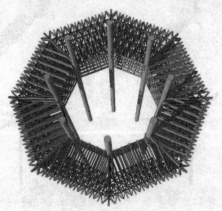

图 4.35 长拱插入柱子[26]

　　蜜蜂窝的做法有两种：一种是如果鼓楼的中柱直接承托檩底，那就可直接利用中柱外的瓜柱设置棂窗，然后在瓜柱和额枋上均匀布置单元，长拱的后尾直接插入中柱，形成插拱，这是常见做法，也和鼓楼的穿斗结构对应（见图4.35）；还有一种特殊的做法是中柱不直接承托檩，柱与檩之间依次是平板枋、护斗、蜜蜂窝，如从江增冲鼓楼，这做法在鼓楼中是非常少见的（见图4.36）。

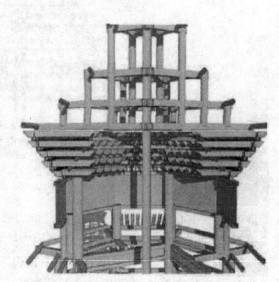

图 4.36　中柱不直接承托檩[26]

　　除了其整体做法外，斗拱的排列方式也是非常值得研究的。因为鼓楼建筑的宝顶有四边、六边和八边之分，所以相对应的也有四边蜜蜂窝、六边蜜蜂窝、八边蜜蜂窝。

　　蜜蜂窝的构造做法就有一段口诀，大致如下：下一层的斗拱要和上一层的斗拱错半个位，形成韵律，而且每个斗拱要完整，下一层的斗拱边部叶片要正对上一层的斗拱中央，层与层之间有横板隔开。这是修建蜜蜂窝都要遵循的原则。

　　四边形蜂窝和六边形（八边形）蜂窝的角部和边部斗拱如图4.37所示。

（a）四边形蜂窝的角部和边部斗拱　　　（b）六边形和八边形的角部和边部斗拱

图 4.37　角部和边部斗拱构造[20]

就目前发现的八边形宝顶鼓楼蜜蜂窝做法，主要有以下 4 种：

（1）角部斗拱叶瓣位置以边线延长线来确定，边部斗拱两边叶瓣呈 45°，中间叶瓣与边线垂直，如遇交叉处，调整角部斗拱。如图 4.38（a）所示。

（2）边部斗拱两边叶瓣呈 45°。中间叶瓣与边线垂直，同时确定叶瓣间距离，也以此距离作为角部斗拱的叶瓣距离，在衔接不协调处，调整角部斗拱或相邻边部斗拱。如图 4.38（b）所示。

（3）等分多边形的边得出边部和角部斗拱的叶瓣间距，在角部与边部斗拱相交处，调节边部斗拱。如图 4.38（c）所示。

（4）不以多边形的边为斗拱的定位依据，而是从几何中心发射射线来确定叶瓣位置。先定下宝顶底层的斗拱数量，然后往上逐层根据射线定位，斗拱会逐层增大，每隔一层会出现没有角部斗拱的情况，在角部和边部斗拱交接处，视情况选择调整角部或边部斗拱。如图 4.38（d）所示。

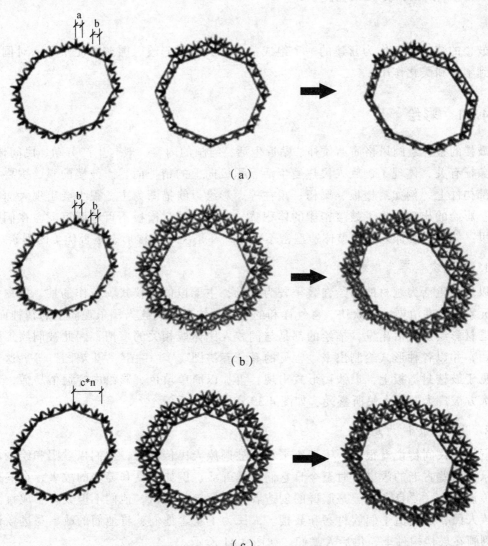

（a）

（b）

（c）

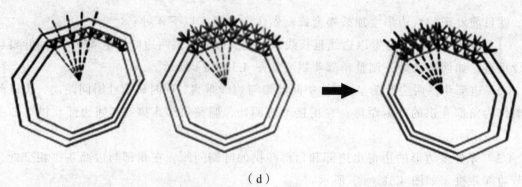

（d）

图 4.38　如意斗拱做法[26]

4.6　侗族鼓楼的装饰

鼓楼的装饰工艺作为营建的一个组成部分，其包括彩绘、雕刻和泥塑等，对侗族鼓楼起到辅助和美化作用。

4.6.1　彩绘

鼓楼的整体绘画风格简洁质朴、贴近生活，绘画的内容一般与生产劳动、民间传说、图腾象征有关，体现了侗族人民热爱生活、积极向上的精神面貌。鼓楼的彩绘主要出现在局部构件上，例如封檐板、梁枋、瓜柱等，彩绘以线描图为主，很少会出现大面积的添色。彩绘的出现增加了鼓楼密檐的体积感，让白色的封檐板不再单调沉闷。在侗族人民眼里，鼓楼的装饰艺术与整体造型密不可分，都是决定鼓楼形态是否优美的因素。

1. 以现实生活为题材

以现实生活为题材的彩绘在鼓楼较为常见，主要以侗族仪式、劳作场景、家禽等为绘画元素，意在渲染一种欢快、喜气祥和的气氛，体现了侗族人民乐观向上的精神面貌。这类题材彩绘从生活出发，描绘的都是与侗族人民休戚相关的事情，因此被侗族工匠广泛采用，并以各种形式绘制出来。常见的有"春耕图""斗牛图""斗鸡图"等。这类彩绘多见于鼓楼封檐板上，以线稿形式出现，再加以简单填色，彩绘内容通俗易懂，形式简单大方被广大侗族人民所喜爱。如图 4.39 和图 4.40 所示。

2. 以民间传说为题材

侗族的民间传说有很多，千百年来一直被侗族人民传颂着，他们以歌唱和绘画的形式记录了这些古老的故事，时至今日它们依然鲜活。例如姜良和姜美的故事，在侗族的民间传说当中，姜良和姜美是族群的创造者，是侗族的始祖，他们不但繁育了成百上千的侗族人民，还创造了侗族村寨和鼓楼。人民为了纪念他们就将他们的故事写进歌词当中和刻画在鼓楼构件上，供后人瞻仰。如图 4.41 所示。

图 4.39　斗鸡图[36]

图 4.40　春耕图[36]

图 4.41　以民间传说为题材的彩绘[36]

3．以图腾象征为题材

　　侗族是一个有多个图腾的民族，在侗族人民看来，凤凰、龙、葫芦、仙鹤、蝴蝶等都是他们的民族图腾。侗寨里有很多传说，有关于仙鹤是如何养育姜良和姜美生下来的小孩；凤凰是如何带领侗族先祖找到理想的居住地；等等。很多的图腾崇拜在侗族代表的是一种感恩和膜拜的心态。这类型彩绘也以彩色线稿为主，构图简单，形态生动，如图 4.42 所示。

图 4.42　蝴蝶图腾彩绘[36]

4. 简单的几何图案、花纹以及文字

鼓楼的彩绘中很多是以几何图案、花纹作为题材的，这些图案严格来说都是从侗族图腾文化中抽象出来的，例如菱形纹、三角纹、鱼纹等与鱼相关的彩绘跟侗族人民对于鱼的崇拜有关；螺旋纹和龙纹则分别与蛇和龙的崇拜相关。这些简单的图案代表了侗族人民美好的祈求和愿望，是侗族人民的精神寄托，图案多以线描为主，简单大方，封檐板和部分结构构件上均能看到。如图 4.43 所示。

图 4.43 菱形纹彩绘[36]

4.6.2 雕刻

鼓楼的雕刻属于小木作，纹饰考究，雕镂精美，是极具艺术和技术价值的工艺作品。鼓楼木料均为杉木，木材纹理通直，便于加工雕琢，楼中柱、檩、枋、门窗等杉木构件均能发现雕刻过的痕迹，由此可见，侗族人民将美的意识发挥到了极致，只要能见之处，所用其极。侗族的工匠多是土生土长的侗族村民，平时在家务农，一旦有鼓楼相关技术活便会积极参与，他们的手艺大多数世代相传，这就使得侗族工匠的创造与生活更为贴近，这一点在雕刻艺术方面很好地体现出来。鼓楼的雕刻均为简单的形状和花纹，木雕为主，石雕为辅，雕刻题材受到民间艺术的熏陶，作品充满活力和生活气息。

1. 柱子雕刻

作为鼓楼的主要结构构件，柱子发挥着重要的作用。有作为承重构件支撑整个结构体系的中心柱、雷公柱，也有起到连接维护体系构件作用的垂花柱，还有局部承载的瓜柱，各种类型的柱子被赋予不同使命，在鼓楼结构中发挥着各自的作用。

中心柱和雷公柱因为是主要承载构件，柱上装饰较少，以结构受力为主；垂花柱柱头大多被雕刻成球状莲花状或瓜状，雕刻方式是以浅浮雕法延球外表面经线刻出连续几何花纹，造型简洁质朴；也有的底层维护结构的联系柱柱头被刻成连续对称的花瓣，使得柱头看上去像一个盛开的莲花，美丽大方。如图 4.44 所示。

图 4.44 柱雕刻[36]

2. 穿枋雕刻

穿枋作为联系和承重构件在鼓楼结构中起到非常重要的作用，是鼓楼结构体系的组成部分。多数穿枋因为结构横断面较小，不便在中段做雕刻等破坏结构性能的装饰，因此大多数穿枋的雕饰部分位于枋两端与柱榫卯连接的出挑处。侗族工匠习惯将出挑枋端雕刻成各种形状，有的像卷云支撑挑檐瓜柱，有的向下 45°斜切，切面雕刻成花瓣状；还有各种动物形状的穿枋。如图 4.45 所示。

（a）卷云穿枋　　　　　　　　　　　（b）鱼形穿枋

图 4.45 枋雕刻[36]

4.6.3 泥塑

侗族鼓楼以泥塑为主的装饰手法主要体现在屋面坐兽、屋脊走兽、翼角、宝顶等方面，这些装饰虽小但却起到画龙点睛的作用，增添了鼓楼的魅力。

1. 楼身

鼓楼屋脊是用石灰粉饰而成的清水屋脊，屋面则是由侗寨工匠自制的黑灰色的小青瓦铺设而成，整个楼身屋面黑白相间，对比强烈，给人极强的视觉冲击感。侗族工匠为了减弱这种单一视觉效果，在鼓楼楼身屋脊和屋面上做了很多泥塑雕饰，其中以屋脊的翼角较为常见。翼角是用灰泥塑制而成的，再用白色石灰粉饰由屋脊向下延伸端部向上翘起，翼角来源于侗族对仙鹤的图腾崇拜，从远处看就像是昂首引吭的仙鹤，让鼓楼显得更加挺拔高耸。

在从江、榕江、黎平三县的许多侗寨的鼓楼上，或顶部，或大厅正门额枋上，或正面二、三层的屋檐上，都装饰有神龙的形象。有的鼓楼在一至三层的翼角上装饰有龙、蛇、虎和人物的泥塑。在黎平县岩洞镇的成格寨鼓楼，不仅顶部有龙的形象，大厅正门额枋还有一对仙鹤。这些动物出现在侗寨最为重要的建筑——鼓楼之上，都表现出与侗族图腾崇拜的关联。如图 4.46 和图 4.47 所示。

图 4.46　龙雕塑

图 4.47　鼓楼的泥塑

2. 楼顶

鼓楼楼顶有攒尖、歇山、悬山等形式。歇山和悬山顶大多做清水屋脊，加以白石灰粉饰，再用青瓦延脊线排列在屋脊上，正中间有做一葫芦状泥塑，或者是用青瓦堆砌，与鼓楼整体风格一致，不添加多余烦琐的装饰修饰，简朴大方；攒尖顶鼓楼顶部修饰较多，宝顶多为各式形状雕塑，均与侗族图腾或民俗相关，有的鼓楼宝顶为一芦笙，有的鼓楼宝顶为葫芦状雕塑上立一仙鹤。如图 4.48 所示。

图 4.48　鼓楼的宝顶雕塑[36]

4.7　苗族鼓楼

在黔东南州，鼓楼主要是侗族的标准性建筑，但由于苗族侗族共同生活在这片土地上，苗侗文化相互渗透，在一些苗族地区也出现了鼓楼，其中较为典型的是从江县山冈、高吊一带的苗族村寨，在铜鼓广场上修建鼓楼；台江县排羊乡九摆村的三层重檐歇山顶鼓楼与侗族鼓楼大同小异；锦屏县敦寨镇亮司村的入口处的鼓楼类似汉族的钟楼。如图4.49 所示。

图 4.49　锦屏县敦寨镇亮司村鼓楼[2]

苗族鼓楼是苗族人的政治、军事、文化中心，其特殊功能是别的建筑不可代替的，蕴藏着丰富的风俗文化信息，是苗族的一种象征，一种聚合，是我国重要的文化遗产。功能多样，造型独特，玲珑俊秀，独具民族风格，既具有宝塔式的建筑艺术，又有苗族吊脚楼的建筑艺术，是个名副其实的楼阁形式，是苗族人民审美意识和智慧的营造物。从江县境内现存有 4 座苗族鼓楼。苗族鼓楼是悬山顶楼冠，建筑工艺别具一格。一般只有 2~7 层。最高的是建于清光绪二十八年（1902）的大洞苗族鼓楼，正四边形，四面坡 7 层重檐，单楼冠两面坡悬山顶，底层有栏杆式围栏，通高 12 米。

1. 台江县排羊乡九摆村鼓楼

台江县排羊乡九摆村鼓楼在台江县城东南方 20 千米的排羊乡九摆村上寨中间，楼旁古木参天，苍翠绿郁。鼓楼为三重檐歇山顶屋面，木结构建筑，覆盖小青瓦，其下层呈平面四方形，空间宽敞。整个建筑结构以中间独柱为中心，周围 16 根外环檐柱为衬。如图 4.50 所示。

图 4.50　九摆村鼓楼

2. 从江县谷坪乡山岗村领寨苗族鼓楼

从江县谷坪乡山岗村领寨苗族鼓楼只有 3 层，正四边形，四面坡 3 层重檐，单楼冠攒尖顶，底层有一层有火堂，三层藏木鼓，四周用墙板封闭，其配套设施有祖先房。如图 4.51、图 4.52 所示。

3. 从江县谷坪乡高吊村表里苗族鼓楼

建于清道光丙戌年（1826）的谷坪乡高吊村表里鼓楼，是从江境内苗族鼓楼的佼佼者。表里苗族鼓楼只有 3 层，正四边形，四面坡 3 层重檐，单楼冠歇山顶，底层有两层可以上人，四周用墙板封闭。设有楼梯，一、二层有火堂，祭祀时在一层请鼓，三层藏木鼓、铜鼓和芦笙，其配套设施有祖先房、祭祀台。如图 4.53~图 4.56 所示。

图 4.51 从江县谷坪乡山岗村领寨苗族鼓楼

图 4.52 从江县谷坪乡山岗村领寨苗族鼓楼祖先房

图 4.53 从江县谷坪乡高吊村表里苗族鼓楼　图 4.54 高吊村表里苗族鼓楼中的木鼓

图 4.55　高吊村表里苗族鼓楼祖先房

图 4.56　高吊村表里苗族鼓楼祭祀台

【复习思考题】

1. 侗族鼓楼的社会功能是什么？
2. 侗族鼓楼的分类方法有哪些？
3. 侗族鼓楼由哪几部分组成？
4. 侗族鼓楼重要构件名称和作用？
5. "中心柱型"的建筑特点是什么，宝顶斗拱构造做法特点有哪些？

第5章 风雨桥

学习提示

风雨桥是侗族村寨的重要公共建筑，在侗族村寨的风水布局中有着重要的作用。通过本章的学习，重点掌握风雨桥的分类和结构特点，理论与实践相结合，能运用本章的理论对日常生活碰到的风雨桥进行分析，达到学以致用。

学习要求

通过本章的学习，使学生了解风雨桥的社会功能、发展历史和装饰特点，重点掌握风雨桥的分类、结构体系和构造特点。

5.1 侗族风雨桥的概念

侗族风雨桥是侗族村寨中重要的建筑物，是与侗族人民日常生活中密切相关的活动空间，蕴含着丰富的内涵：从其建造动机看，风雨桥是承载着侗族天人合一的人居观和多神崇拜等观念的静态物；从其建造工艺看，风雨桥是集桥、廊、亭于一身的建筑，集合了侗族干栏民居和鼓楼的木构工艺，是侗族建筑艺术的集大成者；从其建筑仪式看，风雨桥是侗族兼神圣和世俗于一体的活动空间，仪式既有求神、娱神和酬神的意义，同时也强化了风雨桥的民族内部团结的联结作用，增强民族自豪感。侗族风雨桥朴实自然的造型和简练的装饰，不失典雅清新，是建筑艺术中实用和美结合相当成功的典范（见图 5.1）。风雨桥的美体现在造型上、意境上和内涵上：协调是风雨桥造型美的普遍遵循的法则；与山水之间的相互掩映并融合其中是侗族风雨桥和谐意境的追求；侗族朴实淳厚的民风也能在风雨桥建筑中得到体现。

侗族风雨桥是木石混合的梁桥，以石为墩，跨木为梁，上建廊亭遮阳蔽雨。风雨桥除了满足交通的实用需要外，其上的廊亭，不只是增加了桥的使用功能，增加桥上重量，还使得桥梁的造型更为美观别致。另外，侗族人民认为风雨桥有神秘的风水气息，可保护村寨的平安兴旺。这种观念使得架设风雨桥的举动添上了新的文化内涵和功能，激发人们的积极性。有人做过统计，侗族地区有近 400 座大大小小的风雨桥，其中贵州黎平100 多座，从江 50 余座。

侗族风雨桥是中国廊桥中的一种，地域上属于中国西南廊桥带。从时间上来讲，其出现晚于汉族传统地区，主要在清代才开始大量建造。每个地方对本地区廊桥的称谓有所不同，习惯上湖南、贵州、广西等地大都把廊桥称为"风雨桥"。但是"风雨桥"这个称谓时间并不长，在侗族的词并没有"风雨桥"一词，这是汉语名称的叫法。"风雨桥"一词的由来与郭沫若有关。1956 年，郭沫若题诗"艳说林溪风雨桥，桥长二丈四寻高"，郭沫若本人并没有去过广西三蓼县探访林溪的程阳桥，只是一个愿望，一生未能实现；但却通过这首诗，使得"风雨桥"这一名称由此广为流传。

侗族人自己将侗族廊桥称为"福桥""花桥"或"凉桥"，"福桥"在侗语中称为"WUC JIUC"；"花桥"在侗语中称为"JI-UC WAP"。其实，早在明代，汉族地区的廊桥便有"福桥"和"花桥"这样的称谓，如福建屏南县古厦花桥、福建屏南县际下花桥等。"福桥"这一名称的内涵显而易见——依托廊桥表达侗族人民对美好生活的向往，希望风调雨顺，人畜兴旺，生活和谐美满。"花桥"这一名称既可以从建筑装饰的形象化来加以理解，也可以从人们内心对美好事物的追求上去理解。总之，侗族风雨桥与汉族古代廊桥一样，具有风水文化和信仰文化的基本属性，是古代先民为实现安居乐业、幸福安康的理想生活的一种建筑表现形式。

图 5.1　从江金钩风雨桥

5.2　侗族风雨桥的分布及现状

　　湘黔桂地区侗族风雨桥有 400 多座，其中广西三江侗族自治县 115 座，龙胜各族自治县 36 座，贵州黎平县 100 余座，从江县 50 余座，湖南通道侗族自治县 42 座。上述县是风雨桥比较集中的地区，另外，贵州省的榕江、锦屏、天柱、玉屏，湖南省的会同、绥宁、新晃、芷江等地区还有一些零星分布。湘黔桂交界地区中一些贯穿侗族村寨的小型河流是风雨桥较为集中的地方。

　　风雨桥是侗族村寨中的公共性建筑。几乎每个侗族村寨都有鼓楼建筑，但不是每个村寨都有风雨桥，这与当地的风水营造和文化习俗有关。有些村寨会有多座风雨桥，有些地区整个乡镇都没有风雨桥；但没有风雨桥的乡村可能有土地庙或者其他庙宇。

　　现存的侗族风雨桥中始建年代为明代的极少，比较公认的明代风雨桥有湖南芷江龙津风雨桥，该桥并非严格意义上的侗族风雨桥，其建造是否是侗族人所为还有待研究。古代侗族风雨桥基本上是指清代建造的风雨桥。根据现存风雨桥的碑刻题记来看，很难寻觅到明代的侗族风雨桥建造记载，甚至清代初期都很少。侗族主要从清乾隆时期开始大规模建造风雨桥，这一时期也是汉族文化全面进入侗族地区的时期，尤其是汉族文字在侗族地区开始得到普及和应用。因此，后人所能看到的风雨桥碑刻题记也大都从这一时期开始。如湖南通道县坪坦乡的普济桥（始建于清乾隆二十五年，1760 年）、回龙桥（始建于清乾隆二十六年，1761 年）、观月桥（清乾隆二十年，1755 年）等；贵州黎平茅贡乡高近迎龙桥（始建于清乾隆三十年，1765 年，见图 5.2）。目前能看到的古代侗族风雨桥只有少量为 18 世纪建造，大部分侗族古代风雨桥是在 19 世纪建造。由于侗族风雨桥基本上是木构建筑，其保存的年代有限。而侗族人对风雨桥十分爱惜，如桥梁经过数十年就要大修，有些风雨桥因为火灾或者水灾损毁，当地当年就会进行募捐筹集资金，次年或者再长一些时间，待筹集的资金基本到位后，就会在原址重建。因此，现在看到的古代侗族风雨桥实际上主要是清代末期到民国时期修造的。

图 5.2　贵州黎平茅贡乡高近迎龙桥[14]

5.3　风雨桥的形成背景

5.3.1　历史渊源

目前长江以南诸省还存留不少建于宋、元、明、清各个时期的与黔东南风雨桥结构、造型完全一致的风雨桥，由此可推测侗族木结构风雨桥的技艺极有可能是从汉民族传入并结合当地实情不断创新发展建造的。

5.3.2　气候与地理

侗族聚居区属于亚热带季风气候，全年的气候温和、雨量丰富，年平均气温为 17～19 ℃，年平均降雨量为 1493 毫米。侗族聚居区以山地丘陵低山为主，主要耕地分布在山冲、低坡山脊、洼地及河谷两岸，气候适宜、地势平缓、水网发达、土地四季宜耕，有利于当地的侗民聚居生活，繁衍生息。所以当地人丁兴旺，为造桥等大型营造活动提供人力条件。

5.3.3　林业与交通

侗族聚居区以低坡山地为主，山地适宜林垦，所以当地的林业繁盛。山地种植的林木主要有杉木、苦楝、栎木、桉树、松木等，尤其是以喜温喜湿、有明显超肥性的亚热带树种杉木为主。杉木具有速生丰产、干粗且直、纹理顺直、材质坚韧等特点，用于建筑材料时可起到"入土不腐""外腐内不朽""不生白蚁""不用添加油饰"等功效。杉木等优质材料为当地匠师就地取材、大兴造桥提供良好的材料条件。再者，许多侗族村寨选址在山脚或山脉之间的狭长地带，使得溪河绕寨前而过。因此，许多侗民以撑船、放木排为生，使得当地盛产的杉木能通过水路运往各寨。同时，造桥也成为当地侗民将各个村寨衔接起来，方便生活与生产的必然选择。

5.3.4　聚落"风水观"

侗民是一个以稻作农业为主的农耕民族，聚落拥有丰富的水源，侗族村寨的建筑种类齐全，包括"干栏式"民居、鼓楼、风雨桥、戏台、井亭及寨门，它们之间以石板巷道相连。这些建筑群体的空间布局也同样遵循"风水"规律。侗民认为鼓楼为阳，风雨桥为阴，讲究阴阳平衡，相互呼应。所以，鼓楼位于各寨的中心位置，以其高耸的身影形成聚落的制高点；"干栏式"民居以鼓楼为中心，通过低坡环绕形成聚落；风雨桥则以平展的姿态驾于河溪之上，形成聚落的水平舒展线，与鼓楼互补阴阳。同时，侗民把水视作福之所倚，财之所依。因此，大多数村寨都会在寨子下方的河溪上建造风雨桥，堵住财富不被水带走，村寨就会富裕起来。

侗族风雨桥功能大致可以分为三类：第一类是纯粹为了"堵风水"的风水桥，这种桥往往距离村子比较远，位于村子河流下游的"水尾"，起到"拦寨子"的作用；第二类是以"堵风水"为主，兼顾交通作用的风水桥，其所处的位置既可"堵风水"，又便于人们通行；第三类是为了便利交通。在古代，当建筑的实用功能与精神功能发生冲突时，实用性一定会让位于精神性。

地扪侗寨是一个典型的侗族村寨，位于黔东南州黎平县茅贡乡北部，是黎平县仅次于肇兴的第二大侗寨，由母寨、芒寨、寅寨、维寨、模寨等五个自然村寨组成，共 507户，2 361 人。村落四面环山，一条小河从中间流过，村内民居多沿河两旁修建。当地人称村寨所靠的山为"后山"或"后龙山"。他们认为后山有三条龙脉，分别为南方龙脉、西方龙脉和北方龙脉，分别保护着五个不同的村寨。五个村寨原先都有自己的寨门，现在地扪侗寨只有一个寨门，是与外界交通的接口，寨门内是一个相对封闭的内部环境。为了追求理想的水风环境格局，当地人在地扪侗寨的中间河流上建立过五座风雨桥，当地人叫"花桥"（见图 5.3 和图 5.4）。顺流而下，依次为维模花桥、拱桥、向阳桥、双凤桥和双龙桥，这些风雨桥的历史资料不全，难以查阅其最初的建造年代和建造目的。其中拱桥于 20 世纪 90 年代被洪水冲毁，改建为水泥桥；其他桥也都在 20 世纪 80 年代以后相继改为水泥拱桥作为支撑系统，桥面建筑采用传统木构架建筑，上游的维模花桥于 2005 年建设完成，未命名，因为在维模寨，所以称之为"维模花桥"。向阳桥原名孔桥，连接寅寨和芒寨，始建于民国七年（1918 年），1996 年重建后改名为向阳桥，桥头东端树立有石碑，记载了修建该桥梁的历史信息。双龙桥位于地扪河下游芒寨，是整个地扪侗寨的水尾桥。虽然建于 1995 年（之前是否有风雨桥遗址尚未考证），但它在体量上明显大于其上游的风雨桥；加上其"双龙"的名称，可见它在整个地扪侗寨风水布局中扮演着重要角色。

图 5.3　贵州黎平地扪村向阳桥[14]

图 5.4　贵州黎平地扪村双龙桥[14]

　　有一些风雨桥完全以"风水"功能为主，远离村寨，平时几乎没有人走，只有在祭祀的时候才使用，却修建得十分隆重和华丽。例如贵州黎平茅贡乡高近村迎龙桥（始建于清乾隆三十年，1765 年），其位置在高近村外一座小山下，桥的体量不大，但桥亭造型十分讲究，装饰华丽。桥头有道光三年（1823 年）重修时立下的碑刻，碑文中写道："尝思橘梁之毅，取義非一端，其有因属揭而作者，而有因水口而做者。弑观斯境，利涉固相，需培凰尤为切重。"由此可见，该桥就是因"风水"而建造，平时很少有村民经过，桥头原先可能有庙，现在只是搭建了一个简陋的小神龛，里面供奉土地神。

　　有一些风雨桥所建造的位置完全没有河流或者小溪经过，而是建在山上、田间或者路旁，这些风雨桥看似是休息的凉亭，但又不同于凉亭的功能和造型——没有桥墩和支撑系统，犹如一个独立的桥屋或者桥亭，但是外观与风雨桥基本相同，其中也有一部分具有"风水"功能。例如贵州黎平县堂安侗寨的田间风雨桥，桥虽不大，但是三个具有装饰的桥亭造型比较精美，有歇山和四角攒尖的重檐屋顶，不能等同于一般休息的凉亭（见图 5.5）。

图 5.5　贵州黎平县堂安侗寨田间风雨桥[14]

侗族风雨桥既然与"风水"有关，其朝向就会有讲究。从外观上看，每个风雨桥两侧的正立面似乎相同：侗族风雨桥廊道相对比较开放，廊道立柱之间一般只有简易的栏杆，完全通透，但是中心桥亭部分则会有一个相对封闭的背板，将桥亭的一侧封闭起来，这一侧一定是水流下游的一端，便于拜访神像，即神像一定是面对上游的一面，背靠一个封闭的背板，有保护村寨的意思。"文化大革命"以后，很多风雨桥桥亭中的神像已经被取消，经过不断维修和改造的风雨桥通常还是会保留背板，所以，当人们走进风雨桥桥亭中的时候，大家常常会发现两侧结构对称，但一侧封闭一侧开放，当然，还有些桥亭是两侧都封闭的。

为了配合风雨桥的"镇风水"功能，当地人还会在风雨桥附近栽植一些树林和修建一些建筑物，以起到补充作用。为了强化"风水"效果，在风雨桥的一侧或者附近，还会建立神庙，如土地庙之类的建筑，或大或小，或紧密相连或分离。

5.3.5　侗民族特性

侗民族具有鲜明的民族特性，如自足自强、擅长建筑、较强的共同心理素质、深厚的宗教信仰与丰富的民族文化，这些民族性对当地风雨桥的形成与发展起着关键作用。

其一，侗族自足自强及擅长建筑的品格在众多民族中尤为突出。至今，侗族人民仍继承这些优良的品格，尤其是擅长营造鼓楼和风雨桥。目前黔东南侗族地区是木构建筑技艺传承人最多的地区，黔东南州境内鼓楼和风雨桥均是来自该地区的木匠师参与设计和承建。

　　其二，侗族具有较强的共同心理素质。侗族村寨一直保持着一种以血缘和地缘为基础的聚落社会形态，直至 20 世纪初的民国时期仍未有根本改变。这种社会形态具有三个特点：一是聚族而居。族即房族，是一种以父亲血缘为基础的同姓同宗族的近亲关系。聚族而居也就是以血缘关系为纽带的同姓同宗族聚居，或者同民族共同居住。二是以"合款"作为村寨联盟组织，是一种地缘结合的社会形态。"合款"组织有"款首""款约"与"款坪"。款首平时依照"款约"或寨规来处理村寨事务。三是侗族地区的土地多属于村寨宗族所有，平时归个体家庭使用。抛荒地与新垦地按时间先后的原则由宗族成员实行机会平等占有。这种土地所有制形式不仅保障了每家每户实现自给自足的自然经济，同时也为村寨组织和实现集体活动提供经济基础。由于侗族的传统社会形态具有上述特征，所以当地侗民不仅有较强的村寨认同感、族群意识与宗法观念，在寨内事务上更是有超强的责任心、共同心理素质与民族凝聚力。

　　其三，侗族具有较强的宗教敬仰之心。侗族有着悠久的农耕文化历史，因其地理环境与人们生产、生活的实际需要，形成了自己独特的民族宗教观念。譬如，侗族每个寨子都设置"萨坛"祭拜，即崇拜"萨岁"。"萨"在侗语里是祖母的意思，"萨岁"指女祖先或社神。同时，大多数侗族尊崇汉族地区的民族信仰与文化象征。侗族风雨桥的桥亭内设有神龛，供奉汉族地区的土地神、文昌星与关公等。同时，在农历的大年三十晚上，家家户户还要到桥边祭祀，以求家人来年平安健康，俗称"暖桥"。由此可见，在侗族深厚的宗教信仰的族性之下，风雨桥是其承受汉族地区文化与信仰的物质载体。

　　综上所述，侗族大量营造风雨桥，甚至屡毁屡建，不仅仅是因为风雨桥是人们日常生活往来的一个物质场所，更重要的是，风雨桥是承载了村寨的"风水"格局、族群的认同感以及侗民的精神寄托等功能的民族标志性建筑之一。

5.4　风雨桥的发展历史

5.4.1　风雨桥的选址

　　风雨桥的选址是基于整个村寨原始的地理环境及现有的风水格局而设计建造的，可分为以下三种情况。

　　其一，风雨桥选址在村寨边河流的下游或出口处，建造风雨桥是为了"堵风水，拦村寨"。侗民认为这样就可以"消除地势之弊，补碑风水之益"，同时起到拦住寨子财源不外流的作用，从而使村寨负灾却难，侗民收入日见殷实。

　　其二，风雨桥选址在地理风水环境中扮演着补充龙脉作用的地方，使周边山形得到理想化的完善。

　　其三，风雨桥选址在朝向山上庙宇的山下溪流上，许多桥亭设有祭祀的神龛，建造风雨桥是为了祭祀当地的民族英雄，其中最常见的就是祭祀飞山公杨再思。杨再思是唐末五代时人，当地侗族款组织的"十洞款首"，在历史上为侗族人民自立于民族之林做出贡献，他死后，侗族人民尊称他为"飞山大王"，村村寨寨修建"飞山庙"供奉。

5.4.2　风雨桥的发展历史

风雨桥的发展"经历了从简单到复杂，从低级到高级，从单一到系统的历史行程"，其质域的发展状态"有着逻辑化的历史生态性"。其大致经历了原生态的木长桥——板凳桥、初级简易型风雨桥和高级精美型风雨桥三个阶段。

1. 原生态的木长桥——板凳桥

侗家人喜水而居，其居住环境有众多的溪水河流。古时候溪水河流相隔常常阻碍了人们的行程，如果是雨水频繁的季节，人们的出行就更加不便。为此，侗族先民们在较浅的溪水中放一些大石块或用一根根木头放在河上搭起了简陋的桥，以解决通行问题。在浅溪中摆放大石块或在河中架一根木头，这是原生态的桥，仅仅是为了通行（见图 5.6）。

图 5.6　板凳桥

2. 初级简易型风雨桥

唐宋元时期，侗民们学习了汉人的木结构建筑技术，在桥上建造桥廊，用托架简梁式结构建桥，风雨桥的基本形式开始萌芽（见图 5.7）。

侗乡盛产杉木，所以侗乡人几乎都用杉木建桥。又由于侗乡所处的是多雨潮湿地带，木桥在日晒雨淋下慢慢破损，甚至断裂。桥的破损断裂给人们带来了诸多不便。后来人们就想到了在桥上铺瓦、建造桥廊的方法，这样既可保护木桥，又可遮风挡雨方便路人。

贵州肇兴的侗寨里有数不清的风雨桥，一般都是规模比较小的风雨桥，桥上简单地铺上瓦片，呈悬山屋顶状，既保护桥身，又方便路人。桥身设有栅栏，有些桥的桥身栅栏还一直装钉到屋檐下，颇具特色。一些桥的桥内还设有坐凳，便于人们休憩。

图 5.7　初级简易型风雨桥

3. 高级精美型风雨桥

高级精美型风雨桥结合了鼓楼与侗民居的建筑艺术，将鼓楼的塔楼结合于桥亭造型中，形成多层飞檐塔式桥亭，与亭廊创造性地结合在一起，其桥廊结合了民居的双坡屋顶与多层复式披檐形式（见图 5.8）。其披檐不仅使桥看上去更加美观有气势，而且还能保护桥墩上的木头。有些风雨桥的桥面还巧妙地设计成人畜分道，著名的三江岜团桥在供路人行走的桥廊旁另设畜行小廊桥。桥面人行道和畜行道分高低两层，其独特的构思既保护了桥身，有利于延长桥梁的寿命，又能使人行道上清洁，满足行人的休息、乘凉、眺望，是一座规模庞大的多功能实用建筑。

图 5.8　高级精美型风雨桥

侗民认为风雨桥掌握着村寨的"风水命脉"，有祈福功能，又是侗民们的"生命之桥"，所以侗家人极力在风雨桥上装饰点缀。侗民们在桥上刻着代表吉祥的浮雕，设神龛，拜祭神灵，祈求天神保佑，使风雨桥蒙上了一层浓厚的宗教色彩；桥上挂彩画，展现侗族人们生活美好的场景以及民族的风土人情，使桥带有民族文化的韵味。此外，风雨桥富丽堂皇、气势雄浑的外观是侗民们生存审美的需要；风雨桥是侗乡的"龙脉"、人们的"生命之桥"，是侗民族的精神信仰，是侗民族精神的象征。

风雨桥从原生态的铺石架木，仅仅能满足人们通行的简陋形态，经由具有基本功能的发展状态，逐级发展到现在集功能、休闲、审美、宗教、文化等多重价值于一体的整合形态。这一过程是功能、休闲、审美、宗教、文化等多种价值生态耦合对生、良性循环、螺旋逐渐上升的过程。

5.5　风雨桥的类型

侗族风雨桥在继承中国古代廊桥文化的基础上，经过清代中后期的不断演化，逐渐形成了自己独特的造型特征和艺术风格。在桥梁的支撑体系上，各种类型的廊桥支撑体系均有，根据不同的地形和其功能的具体需要而定。在桥面建筑构架上，廊道构架大部分为穿斗式结构，屋顶形式以重檐歇山、重檐四角攒尖和六角攒尖顶居多。每一座侗族风雨桥由于其所在的地理环境不同，信仰功能不同，其建造的设计样式就有所不同；加上湘黔桂很多地区属于山区，古代交通不便，与外界交流甚少，使得每个地区的风雨桥具有不同的造型风格和样式。侗族风雨桥有几个特点区别于其他地区的廊桥：一是侗族风雨桥多采用悬臂托架简支梁体系；二是侗族风雨桥的桥廊多为双层瓦檐；三是侗族风雨桥的亭塔均与桥廊连成一体，桥面木板在同一水平面上，亭塔的檐层多造三及其以上的单数层。亭塔檐角多为翘角，顶部为歇山顶或攒尖顶。风雨桥按结构特征来划分，可以分为简易型、装饰型、庙宇型等类型；依其屋面不同的处理形式分为平廊桥、楼廊桥、亭廊桥、阁廊桥和塔廊桥。

5.5.1　结构类型

1. 简易型

简易型风雨桥是村落中常见的风雨桥，该类风雨桥基本由建筑构架和简单的屋顶组成，无结构性的装饰部件（见图 5.9）。这类桥一般体量不大，其交通功能性较强，精神性功能相对较弱。在布局上多在村寨内部使用，横跨寨子中的小溪流，便于村民交通和休息，支撑采用简支梁居多，内部采用全木构架，顶部以硬山顶为主，无高等级屋顶和重檐及装饰。这类桥基本上没有神庙，但是有时候在桥头会有一些简易的小神龛，供奉土地神。原则上，简易型风雨桥屋顶没有装饰造型，但可能有一些简单的屋顶装饰，如屋顶正脊瓦片的叠拼形式，或者是增加双龙的造型，如黎平肇兴孟猫花桥，但总体上没有结构性的装饰造型。现存的简易型风雨桥有一些可能是在改革开放后经不断改造而形成的，摒弃了原有的神庙功能和构造，使之完全变成仅有交通功能的桥梁。

图 5.9 简易型风雨桥[14]

2. 装饰型

装饰型是指在风雨桥长廊建筑为主体不变的基础上，在廊桥屋顶上增加具有装饰型的屋顶、门楼、寨门或其他建筑装饰构造，最常见的形式是在廊桥的两端和中心部分增加上升的屋顶造型。屋顶有庑殿、歇山、攒尖等多种，并有可能设计为重檐式，以提高廊桥建筑造型的艺术效果和趣味性。如图 5.10 所示。其基本原则是装饰部分不能影响整个建筑构架。这一类廊桥在浙江和福建地区较多见，在侗族地区则为早期的风雨桥和潮南通道居多。例如黎平县高近村迎龙桥，保持了清代风雨桥的基本原貌。

图 5.10 装饰型风雨桥

3. 庙宇型

庙宇型是指不断扩大廊桥装饰部分规模，使其在结构上已经成为整个廊桥建筑构架的主体，而原有的长廊被分割为几段，成为连接每个亭阁的通道；而作为建筑主体的亭阁部分建筑构架是直接建立在桥墩或者河岸台基上；支撑起大型的多重檐屋顶，阁楼由此成为风雨桥造型中最重要的主题。如图 5.11 所示。这一类型的廊桥有别于汉族廊桥的造型和艺术特征，而成为侗族风雨桥中最具特色的艺术形式。庙宇型风雨桥一般体量较大，有桥墩，桥墩和桥台之间的支撑系统多采用伸臂梁形式，每一个桥亭即一座庙宇，最常见的是三个桥亭，如黎平地坪风雨桥；也有四个桥亭，如广西三江县独峒乡八协风雨桥；广西三江程阳永济桥则以五个亭阁而闻名。

图 5.11　庙宇型风雨桥[14]

5.5.2　屋面形式

黔东南州境内风雨桥数量较多，主要集中在黎平、从江、榕江地区。其木结构构造方法大同小异，但屋面的处理却极少雷同，可谓千姿百态，全凭工匠的心灵妙意发挥创造。依其屋面不同的处理形式分为下述几种形式：

1. 平廊桥

平廊桥为风雨桥中最为朴素的形式，其不论桥身长短，单跨还是多跨，屋顶均用两坡屋顶形式，木椽上冷摊小青瓦，正脊用青瓦白灰砌墙，此为最经济简便的形式，也是小跨度桥梁的首选形式。如图 5.12 所示。

平廊型风雨桥是寨中体量最小的风雨桥。该类风雨桥的桥架一般为单跨简支梁结构，桥身无亭阁，廊间数一般在五间左右，廊顶为两坡悬山式，屋脊有简单的装饰处理，脊刹用小青瓦堆叠成元宝形状，脊尾用白灰塑造成牛角形状。这类廊桥的交通性功能较强、精神性功能较弱，一般为寨子内部使用，同时只在桥头设有简易的小神龛，供奉土地神。

2. 楼廊桥

楼廊桥主要在两坡中间局部开建做骑楼处理，此种处理形式主要为丰富屋顶轮廓线之用。如图 5.13 所示。

图 5.12　平廊桥形式

　　楼廊型风雨桥是指在平廊型风雨桥的基础上，通过提高开间金柱的高度，达到在廊顶增加一重或多重屋面的目的，形成类似"起楼"的造型，最常见的形式是在廊桥的中部开间作缀庇屋面处理。这类廊桥的桥架可为单跨或多跨，每跨的间数为五间左右，廊顶为两坡悬山式，屋脊的装饰比平廊型风雨桥更为繁复，脊刹可为元宝、燕子或葫芦图样，端部可为牛角或卷草纹样。此外，桥身的构件也做装饰性雕刻，比如瓜柱或吊瓜的柱头、抬梁枋或其余短枋的收尾等。雕刻的主题一般是瓜类、花草类抑或猪鼻、牛角等。这类廊桥在交通上为寨子内部使用，同时在廊桥的两头或中部开间设有简易的小神龛，供奉土地神、关公。

图 5.13　楼廊桥形式

3. 亭廊桥

亭廊桥主要是在进出口两端或者中间桥墩上构建二重檐和三重檐的亭子，其屋顶可为四角攒尖、六角攒尖或者歇山顶形式，以丰富桥身造型。如图 5.14 所示。

图 5.14　亭廊桥形式

4. 阁廊桥

阁廊桥主要是在多跨桥的两端和河中桥墩上建造四重檐以上阁楼，其屋顶形式均为歇山顶，此种形式使得整个桥身沉稳大气，气势恢宏。如图 5.15 所示。

图 5.15　阁廊桥形式[37]

阁廊型风雨桥的体量较大，有桥墩、桥台、桥廊和桥亭。其桥身一般为两跨，在桥身两端的台基与河中的桥墩上建造三至五重檐的桥亭，桥亭均为歇山顶，形成类似"阁楼"的造型。这类廊桥的桥架一般为两跨以上，结构为密布式托架悬臂梁，桥身的主体构架是桥亭，而原有的长廊被分割为几段，每段的间数为五间左右，成为连接每个桥亭的通道。桥廊屋顶为悬山顶，廊顶的山面入口加一层披檐，桥亭屋顶为歇山顶，其斜脊和戗脊的端部均用水戗发戗的作法。在构件的装饰处理上，此类风雨桥比楼廊型风雨桥更为灵活多样，比如脊刹和脊尾的灰塑连在了一起，装饰有双龙戏珠等，再如屋身每排架子的瓜柱柱头的雕刻主题可以不相同。这类廊桥一般作为两个寨子之间的交通联系抑或是全寨通往县城的出入口，同时在每个亭身的中部开间设有祭祀的神龛间，用类似骑马雀替的板壁进行装饰，供奉土地神、判官、魁星、关公或飞山公。

5. 塔廊桥

塔廊桥主要是在桥墩上建造 4~5 层密檐的攒尖顶似宝塔的塔楼，该形式融合了鼓楼和廊桥的建筑形式，极大地丰富了侗族地区独特而优美的天际线。该种形式多以组合形式出现，即塔楼与阁楼、塔楼与亭等的组合，黔东南最为有名的黎平地坪风雨桥便是塔楼与阁楼的组合。如图 5.16 所示。

塔廊型风雨桥是寨中体量最大的风雨桥，它是在阁廊型风雨桥的基础上，把中亭亭顶由歇山顶改为攒尖顶，檐数可保持不变，形成类似"宝塔"的造型。最常见的形式是把桥墩与桥亭的个数分别增加两个，形成二台三墩五亭，再把中亭与侧亭的亭顶改为攒尖形式。这类廊桥的桥架一般为两跨以上，结构为密布式托架悬臂梁，每跨的桥廊间数一般在五间左右，廊顶为两坡悬山式。在构件的装饰处理上，此类风雨桥最为丰富全面，比如每个亭身的抬梁枋之间有板壁装饰，再如桥廊与桥亭的封檐板上绘有卷草图案。这类廊桥一般作为全寨通往县城的出入口，同时在每个亭身的中部开间设有祭祀的神龛间，装饰做法同阁廊型风雨桥，供奉土地神、关公、文昌星、始祖佛、盖天古佛。

图 5.16　塔廊桥形式[37]

5.6　风雨桥的结构组成

典型的侗族风雨桥构造主要由桥基、桥架、桥廊与桥亭组合而成（见图 5.17）。有些风雨桥为石拱桥，将桥基、桥架完全合二为一，只有两个部分，分石拱部分和桥面木构建筑部分，完全由砖石建造的风雨桥极少见，有些风雨桥支撑系统和桥面建筑都是木材，但在桥梁的两端增加一面石墙，或者是在桥梁的一端增加一个砖石结构的封闭空间，通常为庙。总体上，古代的侗族风雨桥除桥墩部分外，其他构造大多为木结构，这也是侗族风雨桥最富有特色和魅力的地方。

1. 桥基

基座是廊桥的基础，它一般由桥台及桥墩组成（见图 5.18）。跨度小的风雨桥可在河流的两岸用青石块砌成坚固的桥台座，顶部放圆木桥架梁。跨度大的风雨桥还要在河道中间竖立桥墩，以增强桥体的稳定性。桥墩同样以青石块或毛石砌成，墩内以料石或河卵石填心。在形体处理上，桥墩的平面多为六角形，且顺水流方向的轴向较长，迎水面的夹角为 60°~70°，并在一定的高度位置上以 6%~10%的斜率向墩体的中心收缩，以减轻流水对桥墩的冲击力。

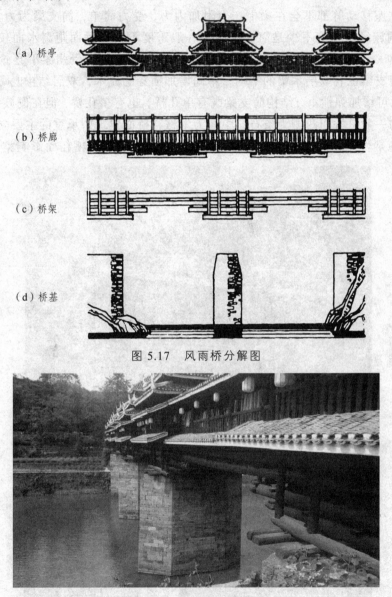

（a）桥亭

（b）桥廊

（c）桥架

（d）桥基

图 5.17　风雨桥分解图

图 5.18　风雨桥桥基[37]

2. 桥架

风雨桥支撑体系分为石结构和木结构两大类，其中古代多以木结构为主。中国桥梁的木结构支撑体系有一个发展过程，即从简支梁到伸臂梁再到贯木拱。在不同的地区，由于地理环境、木材类型和技术条件不同，当地人会选择不同的支撑构架系统，从而具有当地特色和风格。

（1）简支梁。

简支梁就是梁的两端搭在两个支撑物上，梁端和支撑物铰接，支撑物只能给梁端提供水平和竖直方向的约束，不能约束转动的梁（见图 5.19 和图 5.20）。现实看是只有两端支撑在柱子上的梁，主要承受正弯矩，一般为静定结构。体系温变、混凝土收缩徐变、张拉预应力、支座移动等都不会在梁中产生附加内力，受力简单，简支梁为力学简化模型。

现存的侗族风雨桥有不少是简支梁桥，一般跨度不大，桥面距离水面较近。在材料上有全木结构、石结构和石木混合结构三种。全木结构案例有贵州黎平县肇兴乡孟猫花桥。木结构简支梁也有双层木梁的结构，中间增加横穿的原木，双层结构既可增大桥梁的结实程度，也可增加弹性；石结构简支梁既有单孔桥，也有多孔桥，但在侗族地区不常见；石木混合结构一般是桥面两侧为条石，中间为木材，桥面建筑中承重的主要立柱落于条石之上，这样稳定性比较好，桥面建筑不会因为支撑体系的木材糟朽而影响整个建筑。

图 5.19　贵州黎平县肇兴乡孟猫花桥[14]

图 5.20　贵州黎平县茅贡乡高近迎龙桥[14]

（2）伸臂式木梁。

伸臂梁式传统桥梁为了解决大跨度的难题，在简支梁的基础上发展而成。伸臂梁桥一般在桥墩上置放圆截面杉木密排式的托架悬臂梁，通常为上下两排，每排用 6～9 根直径为 40 厘米以上的圆形巨杉木。其两端刻槽嵌入连枋连结为一体，逐层由基座向外悬挑，一般外悬 3～4 米，分为单项伸臂木梁和双项伸臂木梁。如图 5.21 和图 5.22 所示。托架梁就平放在桥墩上无任何锚固装置，两个方向延伸出来的形状如两臂，起着缩短上部桥中主要简支梁的跨度作用。由于木材受抗弯强度的限制，跨度不宜超过 10 米。

在侗族地区现存的伸臂式木梁大型风雨桥很多，例如黎平地坪风雨桥、广西三江县程阳永济桥、湖南通道县黄土乡普修桥等都为伸臂式木梁桥。

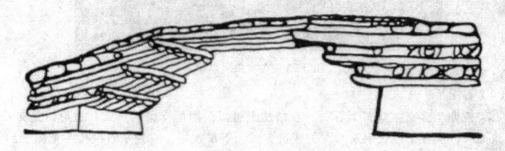

图 5.21　单项伸臂木梁[38]

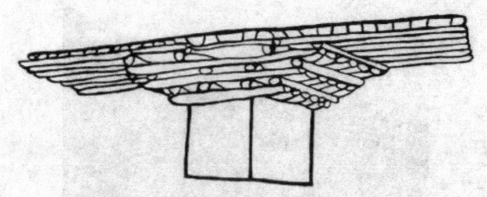

图 5.22　双项伸臂木梁[38]

（3）贯木拱。

贯木拱在中国古代桥梁中是一种应用广泛又独具特色的桥梁支撑体系。贯木拱是在"八"字斜撑的基础上，增加了较多变化的斜撑，使得桥梁不仅跨度增大，且较为坚实和稳定，是一种部件较多、较为复杂的木拱桥支撑体系。李约瑟在其著作《中国科学技术史》中将该类桥梁称作"多角度伸臂梁"。目前在浙江南部和福建北部仍保存下来的许多古老的廊桥就是采用了这一系统。

侗族地区早期的风雨桥依然保留了这种古老的桥梁支撑技术，最具代表性的就是湖南省通道县坪坦乡普济桥。该桥建于清乾隆二十五年（1760 年），采用了贯木拱技术，桥的两端用大石压弹，木梁层层挑出，形成拱桥结构。如图 5.23 所示。

图 5.23　贯木拱风雨桥

（4）石梁桥。

石梁桥即全部支撑材料为石材，在结构上可以采用简支梁的形式，也可以是砖石混合砌筑而成，或者是现代钢筋水泥的建造方式，下部水平，有别于石拱桥（见图 5.24）。20 世纪 80 年代以后，一些风雨桥在重建的时候将原有的木结构支撑全部废除，用砖石和混凝土或者水泥砌筑，以起到坚固桥梁的作用。

图 5.24　石梁风雨桥

（5）石拱桥。

石拱桥在中国古代桥梁史上具有重要的地位，并且历史悠久。侗族风雨桥也有不少是石拱桥，但桥面一般都是水平面，几乎没有拱形的桥面，这一点与简支梁和伸臂梁桥是一样的。如图 5.25 所示。在贵州黎平县茅贡乡、坝寨乡等地，可以看到很多以石拱桥作为支撑的侗族风雨桥，如黎平县地们侗寨的双龙桥、双凤桥、向阳桥等，坝寨乡的同德桥、三合桥等。与石梁桥一样，许多石拱侗族风雨桥是在 20 世纪 80 年代以后重修的；或者重建风雨桥时为了一劳永逸，而将木结构支撑改为石拱桥。如坝寨乡同德桥始建于清道光十四年（1835 年），原先为木构架风雨桥，在 2003 年重建时改为比较现代的混凝土石拱桥。

图 5.25　石拱风雨桥[14]

3．桥廊

风雨桥上面的桥廊是最实用、美观和独具特色之处。一般桥面设一层廊屋，过往行人得以遮日避雨休憩，同时又保护了整体木结构桥身免遭雨水侵蚀，以延长使用年限。河中的石桥墩上往往建重檐阁楼或塔楼，既丰富了桥身的建筑轮廓线，增加美观，同时在简支梁的端部加以重的垂直荷载可减少桥中大梁的弯矩，又符合力学原理，使优美的造型与合理的力学原理得以完美结合。

侗族风雨桥的桥面结构包括桥面及其以上的桥廊和桥亭或塔。侗族风雨桥最大的特色是将桥、廊、亭、塔融为一体。在墩台之间设廊，在墩台之上设亭或塔，点线结合，连成一体，覆盖整个桥面，是区别于其他廊桥的单一廊道而无亭塔等的特点，这种特色是侗族风雨桥成为中国廊桥中最雄伟壮观的建筑。也正是这一自成一体的特色，独具侗族风格。

侗族风雨桥的桥廊是人们通行过桥的走廊，是风雨桥建筑的主要部分，也是人们在风雨桥最主要的活动空间。桥廊包括桥板、廊亭柱、板凳、栏杆、桥门、桥檐等木质构架。桥廊的桥板主要是用优质且粗大的老油杉树锯成厚木板，并刨光，密实地铺在主梁上作为桥面，不但是作为人们上桥过桥脚下踩踏的板面，也是承托廊亭柱的负荷的主要平台。廊亭的柱子就立在桥面木板上，高低有致，大小不同，用大大小小的枋片榫卯衔接组成廊柱。

大部分风雨桥都是以一个长的廊道为桥面建筑的核心骨架，然后在屋顶和桥头做造型和装饰文章。但也有两个廊道的廊桥，即"人畜分道"构造的风雨桥。如图 5.26 所示。一座桥的桥面上有两条相对隔离和封闭的通道，一条通道给人走，另一条通道给村庄里的牲畜通过，人畜分道一定不是为了卫生或者交通需要，而是作为具有精神信仰功能的桥梁来使用。"人道"也可以视为"神道"，因为桥中设有神庙，供奉神灵；牲畜就不能从庙堂之前走过，否则是对神灵的不敬。所以，设立有牲畜通道的风雨桥其畜道一般也是在庙的背面且略为低于神庙的水平面高度，这样设计的人畜分道结构主次鲜明，也成为侗族风雨桥中一道独具特色的风景线。

图 5.26　风雨桥人畜分道[14]

桥廊两边的柱有内柱和外柱之分，并非两列单柱排开，而是内柱和外柱通过短枋连接。连接对面两对四根柱子的枋称为排枋，将四根柱子连成一排。排与排之间通过过间枋连接，将排柱连成廊。内柱和外柱下端之间通过短枋相接拉稳内外两柱，在两排短枋上架上厚木板，做成板凳。排枋的上枋在两边外柱有挑出去的出水枋，抬梁大枋把和对面的内外柱连在一起，抬梁枋并承担不落地的中柱，中柱直挺廊屋的中脊梁，抬梁枋上的中柱还有两担瓜，瓜枋把中柱和两旁的瓜柱连接稳固。过间枋的下枋，外柱有脚枋连稳。

4. 桥亭

在桥廊上设置桥亭是侗族风雨桥的特色。桥亭是风雨桥建筑中建筑结构最为复杂的一组配件，之所以说风雨桥是侗族建筑的集大成者，主要是风雨桥把侗族建筑的样式集中于桥面建筑。桥廊和桥亭是采用榫卯接合的梁柱体系，这就是侗族风雨桥突出的结构特点。

桥廊和桥亭的建构手法是架筑侗族吊脚楼和鼓楼等木质结构建筑工艺的糅合（见图5.27）。桥亭的结构是否得体，关乎一座风雨桥的整体感官和艺术形象。如果说廊是线，而桥上的亭塔则是这线上的点，一座建筑艺术成功的风雨桥的桥亭的设置要考虑整体的比例协调，点线配合得体。可以这么认为，风雨桥建筑设计的重心是在桥亭上，因为它是风雨桥结构和工艺最为复杂的部分，是整座桥梁的着眼点，风雨桥的个性通过桥亭和桥廊的巧妙搭配来体现。

桥亭的形式有三种，一种是四方的歇山式的殿形；一种是六角或者八角攒尖的塔形，多为五层或七层重檐，有四角、六角或八角几种形态，整体造型与塔形鼓楼相似；还有一种是二者的混合。

　　殿形的桥亭通过桥廊上的四根廊柱，用抬梁的方式逐层缩小，以歇山顶收尾，成为盖梁顶。殿形桥亭的最下层是最大的四方檐面，靠桥廊的四根主柱承托通过第一抬梁枋组成四方形，每一根抬梁枋上骑着一根半柱，即第一半柱，出挑出水枋，形成第一层倒水檐面。如此逐层而上是第二半柱、第三半柱，形成第二层、第三层倒水檐面。这些半柱通过短枋和抬梁枋穿凿拉稳，形成一层层逐渐收小的四方整体，最后一层是成山顶式的四方倒水，遮盖梁顶。

（a）桥头亭　　　　　　　　　　　　　　　（b）中亭

图 5.27　风雨桥桥亭[39]

　　塔式桥亭的中心立着一根雷公柱，直通塔尖，与塔式鼓楼不同的是，塔式桥亭的雷公柱，是骑在亭柱间相连的抬枋组成的十字架或米字架上，为方便桥廊通行，而非直接接触桥面。以雷公柱为中心，依靠桥廊上的四根承重主柱，组合成四角、六角或八角形的檐面层层缩小，攒尖收顶。这种塔式亭的造型结构是，从雷公柱向四面八方伸出的横枋，穿过半柱瓜，出挑为出水枋，层层收小。每一层的半柱瓜之间有枋板相连，围成一圈，有如楼上加楼，紧凑结实。

　　殿塔混合型的桥亭是下面的几层是歇山式的四方殿形，上面几层是塔形收顶。既有殿形的建筑工艺，也有塔形的建筑特色，在侗族风雨桥的桥亭中比较常见。不管是采用何种形式，风雨桥的桥亭层数都是奇数。

　　桥基用石，桥廊用木，桥顶用瓦，物尽其用，材料资源就地取材，施工技术适应当时生产力。设计处理适合当地条件，传统的木石结构在风雨桥的建造中体现多方面的合理性。

5.7　侗族风雨桥的装饰

　　建筑装饰是建筑文化的反映，侗族风雨桥的装饰既有鲜明的汉族文化特征，也体现着侗族自身的文化习俗。装饰工艺包括木雕、石雕、灰塑、彩绘等，色彩运用具有民间艺术的基本特点。

5.7.1 侗族风雨桥的结构装饰与手法

风雨桥的装饰可以分为外部装饰和内部装饰两个部分。侗族风雨桥的外部装饰重点在桥亭的屋顶，屋顶正脊、檐部、桥的入口；内部的装饰则以绘画为主，木雕和石雕在风雨桥建筑装饰中不多见。

侗族风雨桥外部装饰以屋顶形式的变化为重点，重檐式屋顶以及斗拱的运用是其追求建筑装饰华丽的手法，黎平县风雨桥在这一方面尤为突出（见图5.28）。斗拱是中国传统建筑中重要的木构部件，在清代以前，重要的高规格建筑用斗拱解决梁柱与屋顶之间的承重问题，并成为展示其华丽装饰的部分。清代以后，斗拱已经不再作为承重的主要结构，而完全成为建筑装饰物，是中国传统建筑装饰的一个符号。现今，一些古老的风雨桥依然保留着这些精美和复杂的斗拱。如始建于清乾隆时期的黎平县茅贡乡高近村迎龙桥，在其中心桥亭的斗拱层有六层十字形斗拱，在桥的两端屋顶有类似"阙"的造型，也有相同的斗拱层。如图5.29所示。

图 5.28 黎平县茅贡乡高近村迎龙桥六角攒尖顶装饰斗拱[14]

图 5.29 黎平县茅贡乡高近村迎龙桥"阙"顶装饰斗拱[14]

风雨桥建筑的屋顶造型装饰与汉族古建筑屋顶造型装饰有所不同。侗族风雨桥桥梁屋顶正脊上一般有龙的造型或配以瓦屋顶戗脊装饰，没有汉族建筑中的仙人骑鸡和列队神兽，但有凤鸟造型。攒尖顶的顶部有葫芦造型和凤鸟，桥的入口也会有动物造型，有些入口设计和制作十分复杂，如侗族寨门。如图 5.30 所示。整座风雨桥在屋顶和门阙都装饰有一定内涵的各种动物造型，这些复杂和生动的造型丰富了风雨桥建筑的精神内涵，显得华丽、庄重，是体现风雨桥建筑在侗族公共性建筑中重要地位的主要手段。

　　侗族风雨桥的内部装饰以彩绘为主，雕刻工艺的使用不多。装饰部分主要是中心桥亭和两侧桥亭的顶部。在木板上绘制绘画是侗族风雨桥内部装饰的重点项目，包括桥廊的廊柱之间上部的楣板，都是绘画创作的主要阵地。绘画的内容包罗万象，有历史人物故事、侗族神话传说，以及风雨桥建设过程中的重要信息，如图 5.31 所示。绘画手法如汉族彩绘中的苏式彩绘。贵州黎平县地平风雨桥在 2005 年重新修建后内部彩绘选用了侗族传统文化中的典型活动项目，绘画风格现代，但具有明显的乡土气息。

图 5.30　通道普修桥桥门动物造型装饰[14]

图 5.31　黎平县地坪风雨桥内部彩绘[14]

5.7.2 侗族风雨桥装饰的文化

中国古代建筑装饰的造型图像均与某种文化相关，反映当地人对建筑所赋予的信仰和精神追求。中国传统装饰文化具有崇尚吉祥、喜庆、圆满和幸福的特点，中国传统装饰造型和图案具有"图必有意，意必吉祥"。作为具有"风水"、信仰属性的风雨桥，其装饰中所出现的形象和符号必然与"风水"、民间信仰有关。从侗族风雨桥装饰造型中出现的龙、葫芦和凤鸟中便能看到这些隐藏着的文化。

1. 龙

在侗族风雨桥建筑的外装饰中，龙的造型基本上贯穿大部分风雨桥建筑。这里的龙的含义显然不是中国古代帝王的象征，但是也与侗族民间神话、风水及民间信仰有关。如图 5.32 所示。

图 5.32　黎平茅贡乡同德桥飞龙装饰造型[14]

相传很久以前，在侗族孟寨附近，有一个大深潭，潭底有一条青龙和一条乌蟒。青龙给侗族村民做木匠活，如修鼓楼、风雨桥，建村寨，而乌蟒则处处危害村民。一次乌蟒发起洪水，青龙化作长桥搭救全寨人。经过搏斗，青龙被害死，但最终村民战胜乌蟒。为了纪念青龙，侗寨的许多建筑均雕刻龙的造型，寄托了侗家祈祷龙神保佑四方、年年风调雨顺、国泰民安的心愿。

龙的造型不仅在风雨桥中出现较多，在鼓楼的装饰中也是核心主题，主要以木雕和灰塑工艺为主，最常见的就是在风雨桥两个桥亭之间长廊屋脊中部设计双龙戏珠的造型，或是在一些檐角出挑的端头设计飞龙造型。四角攒尖屋顶即有四条龙，很多龙的形象十分生动。三江地区以双龙对称出现为主，比较平稳；黎平地区风雨桥屋脊上的龙造型更为活泼，呈翻滚样式，穿过屋脊，有很强的运动感和空间感。

龙的造型还有"风水"的含义。很多风雨桥建立在村落中的水尾之地，桥的两端往往有山脉接入，即"龙脉"，风而桥起到将被河流打开的"龙脉"重新连接的作用，所以很多侗族风雨桥被命名为"接龙桥""回龙桥""迎龙桥""合龙桥""聚龙桥"等直接以龙命名的桥。龙的意义就不言而喻。

2. 葫芦

葫芦是中国传统建筑装饰中的"暗八仙"之一，有"福禄"的谐音和寓意，也有生殖崇拜的象征意义。古代南方少数民族地区一直有用葫芦躲避洪水而保全性命的各种传说。侗族神话传说就有始祖姜良、姜美利用葫芦从洪水中逃命，后结为夫妻繁衍侗族后代的传说；贵州侗族地区将葫芦作为生殖崇拜的象征，新婚夫妻回门的时候，娘家人要将一个小葫芦锯开有藤蒂的一头，用三尺青布或花布扎成婴儿模样，送给接亲的人，预祝新郎家子孙繁衍。

风雨桥装饰中的葫芦造型主要运用于攒尖顶的顶部（见图 5.33），葫芦顶像一个缩小的宝塔，葫芦的节数一般是奇数，所谓奇数为阳，阳为吉祥，这一点与侗族鼓楼的层数一样，也是奇数。

图 5.33　迎龙桥攒尖顶葫芦造型

3. 凤鸟

侗族风雨桥屋顶装饰造型中除龙以外，还有一些其他动物造型，其中凤鸟造型较为突出（见图 5.34）。中国自古就有崇拜凤鸟的文化，凤和龙一样，都是古代先民创造出来的精神图腾。凤和鸟之间也难以找到一个清晰的界限。在侗族刺绣中，凤鸟图案十分普遍，有些凤鸟图案与汉族图案造型十分相似，有从中原流传过来的明显痕迹；有些凤鸟造型古朴原始，有浓郁的乡土气息和南方少数民族的原始气息。

图 5.34　风雨桥桥亭檐角凤鸟造型[14]

侗族地区有敬鸟如神、爱鸟如命的文化习俗，与古越人有崇拜鸟图腾的文化渊源，侗族人对鸟的崇拜与稻作文化中益鸟对农业种植活动的保护作用有关，甚至在侗族创世纪歌谣中有关于姜良和姜美通过大鸟为媒，大鸟从远方衔来米谷播种的传说。对鸟的崇拜也用于对侗族风雨桥的建筑装饰当中。

凤鸟造型出现在侗族风雨桥攒尖顶建筑葫芦造型的最顶端，其地位至高无上，犹如一只神鸟，遥看远方。另外，鸟的造型不仅仅在攒尖顶的顶部，在戗脊的末端和一些出檐的檐角处也有造型各异的凤鸟，装饰整个风雨桥建筑，使风雨桥建筑更富于神奇色彩。

5.7.3　侗族风雨桥装饰的色彩

侗族风雨桥装饰的色彩运用每个地区有着不同的风格，有些地区的色彩运用具有鲜明的民间艺术特征，乡土气息浓厚；也有些地区在色彩上讲究协调统一，追求素雅和谐的艺术效果。

常见的风雨桥以杉木为原料，木材表面不上油漆，即使上漆，也是传统的桐油漆，使风雨桥的木构部分保持木材天然的本色和肌理。但不是所有木结构风雨桥都采用具有原木效果的桐油漆，如有些风雨桥在后期修复中为了新旧材料自然统一，会把锅灰调入桐油当中，使木材颜色变暗，呈灰褐色，也可以视为做旧，如三江县岜团桥。还有一些风雨桥的木构部分上黑色漆或者红色不透明油漆，与汉族地区木构建筑用色基本相同，例如黎平地坪风雨桥。

木构部分的屋檐下斗拱层是色彩装饰的重点，尤其是贵州黎平地区，斗拱的装饰色彩以红色、黄色等暖色为主，间以白色，在山村环境显得十分靓丽突出，是风雨桥追求华丽感的手段之一。

风雨桥的屋顶造型变化丰富，但屋顶材料只有小青瓦，色彩十分统一。偏冷色调的深灰色使得斗拱层的偏暖色的艳丽感形成对比，加上屋顶葫芦造型使用金色，整个风雨桥屋顶的色彩充满节奏感。所以，风雨桥建筑被侗民称为侗寨中最华丽的建筑。

风雨桥屋顶上动物造型在色彩使用上也十分活泼，鲜艳的色彩配以白色，在阳光下十分显眼。由于局部的高纯度色彩和整体上的灰色调组合，主次关系分明，因此，风雨桥外观的装饰没有像一般民间美术用色那样夸张，而是统一中有变化，与山村的自然景色相协调。

地域的不同也形成了不同的色彩风貌。贵州黎平地区的风雨桥不仅在桥亭的结构上具有向上升腾的鲜明动势，在斗拱层和屋檐灰塑造型的色彩运用上也十分大胆，颜色纯度较高，华丽感强。广西三江地区的风雨桥不仅在桥亭结构上缩短了与重檐之间的距离，斗拱层被隐藏，在色彩运用上也偏向素雅，暖色使用较少，灰色使用较多，形成了内敛含蓄的风格。

【复习思考题】

1. 风雨桥的形成原因是什么？
2. 风雨桥发展历史经过哪几个阶段？请举例说明。
3. 风雨桥的类型分为哪几种形式？请举例说明。
4. 风雨桥的结构组成有哪几部分？风雨桥桥跨有哪几种形式？

第 6 章　其他结构形式

学习提示

　　黔东南州民族村寨除了民居、鼓楼和风雨桥外，还有很多其他附属结构形式。通过本章的学习，使学生对寨门、粮仓等结构形式有所了解。

学习要求

　　通过本章的学习，使学生掌握和了解寨门、粮仓和禾晾等结构的类型和特点。

6.1　寨门

　　黔东南州山区村寨一般不设寨墙，村寨领域主要由寨门（见图6.1）加以限定。也就是说，寨门是村寨的限定要素，设立了寨门，就算确定了村寨的范围。

　　寨门框架一般为四柱，也有六柱、八柱的，楼顶有悬山顶、歇山顶、攒尖顶等形式，复杂的寨门楼顶下还有蜂窝拱装饰。大门一般为两扇，其余部分用木板嵌装，也有的无门扇，这种寨门只具有象征意义。在门柱、门板或者门壁上，有的刻有楹联，有的雕龙绘凤，以示吉利。寨门前的地面装饰也十分讲究，一般用圆、方形青石镶嵌，石板上刻有图案。寨门通向寨子的道路，多用鹅卵石铺成花街或用石板铺成，晴天无灰，雨天无积水，利于行走。

　　在苗族住民的心目中，寨门具有防灾避邪、保寨平安的作用，同时这里也是迎送宾客的场所。迎宾时，村民群聚寨门外，设置一碗碗拦路酒、曲曲拦路歌；送客时，也是用酒相拦，唱吟难舍的分别歌，以表示对客人的尊敬。

　　侗寨寨门的入口标志性特别明显。走出寨门，就意味着离开文明的聚落社区走进了乡野；而进入寨门又表明你回到了文明之中。过去的村寨寨门有防匪侵扰作用，而今寨门的主要功能更多的是体现礼仪，体现村寨成员之间在精神上的凝聚力。

　　寨门的形式多样，有形如牌楼或凉亭的木质门，虽说是寨门，却无门板，仅作为寨子内外分隔的标志。寨门在苗族、侗族人民心目中具有防灾避邪、保寨平安的作用。由于这种防卫作用仅仅是信念上的，因此寨门形式也就相当自由，具有随势而立的特点。例如，苗寨有用板凳桥做寨门，有用树立村口的保寨树做寨门，有时在进寨的山路两侧插一棵翠竹，将两竹顶端弯在一起，也算是寨门。侗寨寨门的形式多样，有干栏式、门阙式以及两者结合等多种形式。寨门一般分为左、中、右三门式或前、后、左、右四门门洞形式。

图6.1　侗寨寨门

通过寨门的宗教性表象，还可以发现人类对限定豢居环境的重视。例如某些侗族村寨至今还保留着在春节前三天晚上由寨老率领全村男青年绕树寨边界周游三圈的活动，其目的之一，就是要年轻人不忘村寨的界限。

6.1.1　寨门的形式

黔东南民族建筑种类各式各样，黔东南民族村寨的民居和公共建筑是民族建筑的有机组成部分，寨门作为黔东南民族村寨的公共性建筑起到了标志性作用，同时渗透着该地域的风俗文化和礼制观念，而且也蕴含民族的共同记忆。寨门造型种类繁多，或似牌楼，或似风雨桥、鼓楼等，把山清水秀的民族村寨打扮的极具特色。黔东南民族工匠在建造寨门时，遵循和谐、均衡、对称等规律，结合折线，斜线，直线，曲线，然后进行重构和解构，构成均衡协调、比例对称、完美规整的建筑艺术造型，使寨门更具一种自然朴实、规范稳定的形式美。黔东南民族村寨规模大小不同，小的由几十户组成，大的有数百户乃至上千户。因此小的村寨就开一个寨门作为进出的标志性通道；大的村寨开两个或更多寨门供居民通行。其特点和建筑形态都不尽相同，按其形式可分为门阙式、干栏式和混合式。

1. 门阙式

门阙式是黔东南民族村寨分布最广泛、风格最为多样的寨门形式之一，许多寨门用木料或竹子修成，样式呈牌楼状。框架有四柱、六柱或八柱的；或者是一间或三间的；有的单独立于村寨周边的；有与风雨桥和鼓楼连接建造的。如图 6.2 所示。还有的寨门呈门房的样式，一到两步架进深，内设长条形椅凳和美人靠；有的将门两侧加厢房，似凉亭供村民使用。这类形式的寨门更多的不是体现防卫作用，而是突出其标志性作用，用来界定区域空间的，因此"形"是其至关重要的因素。为了追求更强的装饰性，这类寨门还采用了如意斗拱（俗称"蜜蜂窝"式的斗拱）加以浓厚的色彩进行装饰，使得寨门的门头和门楣更能有机地结合在一起，外形更具特色，更显装饰性。

图 6.2　门阙式寨门[2]

2. 干栏式

干栏式也是黔东南民族村寨最常见的寨门形式。干栏式寨门在构造方式上大体与普通干栏式民居相同（见图 6.3）。大多采用穿斗式结构，称为"整体建竖"。方法是用一个梁将旁边的立柱及中柱串联，在每根长柱的上、中、下部分分别开榫眼，以枋作为连接件，上榫眼的穿枋处于顶面部分，中榫眼的穿枋处于中层楼板部分，下榫眼又称地脚孔，安上木枋以嵌固板壁。横向每排用三根、五根、七根柱串联，中柱最长，前后柱最短，长短柱再用瓜柱（短柱）相连，形成排架，将排柱之间用枋连接起来。形成房屋的整体构架，柱脚之间设置穿枋连接，使房屋的底部更稳定，而寨门底部为架空，中柱不延伸至地方，直到上方房屋的部分，架空部分再加门楣和门扇。干栏式寨门上半部分的房屋在古代可供村民瞭敌和报警。

图 6.3　干栏式寨门

3. 混合式寨门

有的寨门与其他类型的建筑组合，形成混合式寨门（见图 6.4）。有将干栏式寨门与鼓楼组合的样式，也有门阙式寨门与鼓楼组合的样式，还有位于村口的风雨桥，在桥端加门阙式寨门，形成寨门与风雨桥组合的样式。

图 6.4　混合式寨门

黔东南民族村寨通常有一个或者数个寨门，小的村寨开一个寨门出入，而大的村寨则开两个、三个或者更多的寨门出入。村寨以寨门作为象征性的分界点，对外是村寨空间的结束，对内是村内空间的开始。寨门同样也是人们聚集的场所，尤其是没有鼓楼或者仅有小型鼓楼的村寨里，寨门则是公共场所活动的空间。不论在平面构图上还是空间序列上，寨门都是一个前奏，且独具风采，是村寨中颇具特色的公共建筑之一。

6.1.2　寨门的结构

寨门的形态结构一般由门头、门楣、门脸等三部分组成。

（1）门头。

寨门的大门，一般在左右两根立柱，上面架上一横梁，门扇就安在这个由两柱一梁组成的门框上，为的是进出入大门的人免受夏日阳光的照射与平日风雨的淋袭，同时也为了保护大门。在门框上安的一个不大的房顶，称为"门头"。寨门的门头（屋顶形式）除了悬山和歇山式的屋顶外，有时还和鼓楼一样，采用攒尖顶，在侗族地区有部分的寨门就采用这种形式。

（2）门楣。

门楣是门的正上方门框上部的横梁，通常都是采用粗重实木制作而成的，在上面加以龙形图案的装饰，或是题字来表现他们的图腾崇拜和社会思想文化。

（3）门脸。

在门的上方和两边形成了一个包装的饰面，犹如在人的脸上进行了美容和化妆，所以将这种形式称为"门脸"。

6.1.3　寨门的功能

（1）景观节点。

从平面形态来看，黔东南民族村寨由点、线、面等要素组合而成，是一个要素多样的多层次空间，要素之间相互组合构成了民族村寨的空间环境。在这个空间环境里，连绵的山脊线、蜿蜒的水系、突兀的风水林、平坦开阔的稻田、曲折的田埂小道等带状实体，再加上散落的民居、深邃的古井、纵横的街巷等诸多要素相互穿插、融合、共生而组合形成村落人与自然的和谐统一体。其中，寨门就是民族村寨统一体边界上最重要的景观节点。

（2）村寨标识。

寨门不仅仅是一个出入的交通节点，它在一定程度上还有着标识作用。它作为一个村寨的第一个标识性建筑物，标识着一个地域范围向另一个地域范围的过渡，是村寨的名牌、象征。所以，寨门就是一张"名片"，具有地域界定和村落标识的意义，能够加强归属感和认同感。因此，寨门具有加强地域识别性和民族凝聚力的功能。

（3）仪式场域。

黔东南少数民族都是热情好客的民族，这里的苗民和侗民对客人非常的热情和敬重，对客人的到来相迎与离别相送都显得格外隆重甚至仪式化，而寨门就是承担这个仪式的场域。但逢节日庆典之日，客人们走近山寨，寨中姑娘就会衣着盛装，手持酒壶酒杯，在寨门前摆纺车、挂竹枝，或横拉一条红绸迎宾，姑娘们唱起祝酒歌，客人需喝下拦门酒，方可入寨。离别相送时，不管是谁家的客人，全寨老幼会将客人送至寨门，笙歌响鼓鞭炮相送，主客依依道别，仪式结束。可见，寨门已经演化成了黔东南少数民族热情好客的象征，是村寨仪式的场域。

6.2 粮仓

黔东南州村民粮食储存方式有几种，靠近汉族居住并受其影响的村寨是将寝室的一部分围合起来或在寝室里放一个大笼子储藏稻谷。较远的苗族、侗族村寨则是在住宅附近修建粮仓或在距村寨不远的地方集中粮仓群来储藏稻谷。季刀苗寨的百年粮仓、新桥苗族的水上粮仓和侗族巨洞寨的粮仓都是典型代表（见图 6.5）。

图 6.5 粮仓

6.2.1 粮仓的平面类型

苗族粮仓的平面由两开间储藏室构成，采用檩柱结构，结构形式接近民居的穿斗式房屋结构。

侗族的粮仓按建筑形式可分为三类，即群仓、单仓、阁楼仓，前两类以干栏式为主；按其功能也可分三类：（1）纯用作存放谷物，（2）既作谷仓又配置禾晾栏杆，（3）纯属禾晾小楼或临时存放禾把。

粮仓的平面开间有一开间一栋、两开间一栋，还有少数三开间的类型，大小根据用户的情况而定。

6.2.2　粮仓结构与构造

梁柱结构的粮仓采取横梁与纵梁上下交错穿入柱子的方式固定。梁枋的前后左右都出挑与垂花柱连接，支撑屋檐。壁板穿过立柱两侧的板槽，横向插入，形成箱式的储藏空间，屋顶的阁楼类似于住宅的形式，即立柱支撑横梁，横梁上立短柱，檩木搁在短柱上。短柱及柱子的顶部扣槽与檩木相接，檩木上再设置椽条，椽条上面盖树皮，为防止松动，树皮上面再用横木条或纵木条固定。有的粮仓还特别设计了可以晾晒稻谷、蔬菜的杆件，在入口处装有垂花柱装饰。如图 6.6 所示。

在谷仓中，群仓和单仓的架构形式多样，仅顶部架构就可分为穿斗式和叉首式两种：柱、瓜、枋穿斗结构如图 6.7 所示；短柱两侧加斜撑构成三角梁的叉首式承重顶部如图 6.8 所示。

图 6.6　带晾干的粮仓[2]

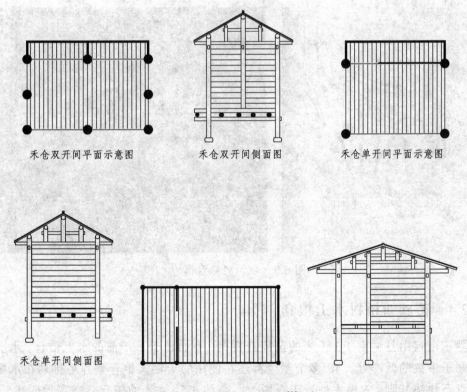

禾仓双开间平面示意图　　禾仓双开间侧面图　　禾仓单开间平面示意图

禾仓单开间侧面图

图 6.7　穿斗式粮仓[2]

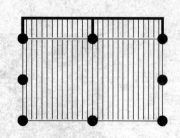 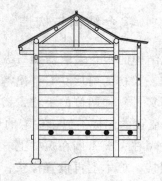

图 6.8　叉首式粮仓[2]

6.2.3　侗族巨洞村粮仓群

巨洞寨位于沿都柳江北面的倾斜地带，是一个沿坡地而建的有 150 户居民的密集村寨。村子的东、西两端及中部山坡建有三处粮仓群。东部的粮仓群建在距东端约 30 米的空地上，共计有 52 栋粮仓分 7 排横排成列，一直延伸到村东的小河两岸。粮仓修建在村寨之外，是为了防火灾。

在 52 栋粮仓中，一开间的有 41 栋，两开间的有 11 栋。干栏式粮仓的下部的支座层全都柱子支撑，支柱空间有些作为存放建筑木材或棺木使用。如图 6.9 所示。

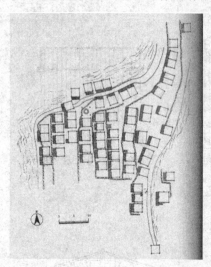 

图 6.9　巨洞村粮仓群[2]

6.2.4　苗族新桥村水上粮仓

距黔东南雷山县城南 1.3 千米的苗族新桥村，有始建于百年前的水上粮仓。水上粮仓群位于寨子中央的低洼处，40 多个至今都还在使用的干栏式粮仓整齐地排列在水塘上。粮仓用青石块垫基脚，6 根木柱置于石墩上。高约 3.5 ~ 4 米的粮仓，在离地面 1.5 米处，有横枋将连起来，再横装楼板及壁板，粮仓屋顶或杉树皮覆盖。粮仓每间面积约 25 平方米，储粮 5 000 千克左右。从粮仓取谷物时用木楼梯攀缘上下。粮仓之所以建在水塘上是为了防鼠，避免损失，还可以防虫蛀，同时还能保持粮仓的干湿度。

1. 水上粮仓的形式

寨子中央下方低洼处，有一口面积 3 300 多平方米的水塘，水不算很深，水面上建有粮仓，仓底距离水面约 2 米（见图 6.10）。粮仓由 60 多个分仓组成，分成若干块区域，按仓排位"分割"成数块。粮仓排列有序、错落有致，通行的道路上铺满了鹅卵石，四周都是依山而建的吊脚楼群。

图 6.10　水上粮仓群

2. 水上粮仓的组成

粮仓采用全杉木结构，高 3.5～4 米，为穿斗式吊脚楼，下有六根柱脚，柱脚在与水面接触的地方用大块青石垫起，露出水面，防止木柱被水腐蚀。如图 6.11 所示。粮仓看似古朴，实则精妙，整间粮仓不使用钉子，完全的榫卯结构，承重用的横梁也是直接横穿整体结构，再装楼板和壁板。仓内储藏粮食，需要取用谷物加工时，可以用一架木楼梯，攀缘上下，极为方便。屋顶用青瓦或杉木皮加盖，避雨防潮。

图 6.11　水上粮仓结构

用于上下粮仓、存取粮食时用的木楼梯一般有七八阶，不用时就放在前台上，不过木楼梯还有另一种类型，不同于之前的楼梯，是用一根木头制作而成，在其上挖凿踏台，这种木楼梯适用于不是经常上下和载重大的地方。粮仓之间用一条条鹅卵石铺成的路连通，方便人们的通行。粮仓的仓顶原来使用杉木的树皮来遮盖，但是老化太快，防水的效果也不好，现在基本都换成青瓦片了。

水上粮仓上面的门是苗族粮仓独有的门结构，可靠、结实，这里一般不密封，要留一点孔，让粮仓内通风，以便好保存粮食，但也不能留得太大。有的水上粮仓放有一种打米用具——打谷桶，在水稻成熟时用到，不用时就放在粮仓前台上。不过随着科技的发展，这种打米用具也逐渐被水稻收割机所淘汰而淡出人们的视野。

3. 水上粮仓的特点和功能

水上粮仓古朴的建筑、精妙的设计，使人为之着迷，其仓数之多，全国独有。粮仓排列有序、错落有致，通行的道路上铺满了鹅卵石，水上粮仓的四周，依山就势建筑了很多吊脚楼，村民们不出门就可以看到自家的粮仓。

修建水上粮仓这种别具一格的建筑，是为了能够很好地适应大山里的恶劣环境，是为了防虫鼠、防火灾、防蚁害，而且水上粮仓的通风性良好。水上粮仓的最大贡献在于防火。历史上，新桥村寨经过两次大火灾的洗礼，粮仓却毫发未损。据考证，这种储存食物的粮仓已有 600 余年的历史，是苗族人民的智慧结晶。

6.3　禾晾

禾晾，是南部侗族地区农家晾晒禾把的构架，是南侗地区特有的一种稻作文化现象。

禾晾产生已无史料可考。由于侗乡人民以糯食为主，勤劳的侗民已培养出牛毛糯、打谷糯、香禾糯、红糯、黑糯、白糯、旱地糯、糯等繁多品种，除了打谷糯直接在田间脱粒外，其余的都需要连穗割下，捆成禾把，晾干收藏。为了晾晒禾把，并免受家禽、家畜和鼠类的糟蹋，人们建造了供专门晾晒禾把的构架——禾晾。

如从江占里、平豪、巨洞、高阡的禾晾仍较壮观，它与禾仓、鼓楼、花桥和吊脚楼浑然一体，构成了一幅幅优美古朴的侗寨风光（见图 6.12）。

1. 禾晾的形式

禾晾是侗寨最具有代表性的生产生活方式和文化景观。随着社会发展，禾晾已不再仅仅作为一种传统的粮食晾晒形式，而是形成了一个富含侗寨原生态农耕技术、建筑形式、文化传承、旅游开发、人与自然关系等的复合整体——禾晾文化。

2. 禾晾的组成

禾晾是侗乡独有的奇景，一进入侗寨在溪水塘边或绿树楼旁，有一排排高达 4 米的大木架，整齐地围寨而立。

　　禾晾一般都建在当阳、通风的寨边、塘边，也有少数建在寨中鼓楼边。大木架由两根粗大的杉木柱和两根穿方构成，穿方中间横穿着一二十根由圆木组成的可以活动的桁条，禾晾的顶部由杉木皮呈人字形盖在两边（见图 6.12）。建造禾晾的形式有两种：一种是"一"字形的禾晾，柱子是用一根大杉木锯成两半，成垂直竖立，其外形像一架大梯子；另一种是"井"字形禾晾，由四排"一"字形禾晾像"井"字那样交叉构成。禾晾有的盖顶，有的不盖顶。禾晾顶多采用杉树皮，一般都盖一面坡，也有少数盖成两面坡倒水。如图 6.13 所示。

图 6.12　禾晾

图 6.13　禾晾结构

3. 禾晾的特点

侗族村寨农村特有的晾晒谷穗的木架，形状类似汉族地区的牌坊，顶部两边盖上一尺宽的"人"字形杉木皮档雨，木架通常建在寨旁、溪边。晚秋稻谷成熟，人们将稻穗剪摘，剥去外叶留下一尺多长的禾杆，约 5 千克捆成一把，放在禾晾上风干后入仓。这种晾晒方法称为"禾晾"。这种晾晒方法主要流行于黔桂两省区侗族村寨，如贵州省榕江、从江、黎平和广西壮族自治区三江侗族自治县和龙胜各族自治县等侗族地区。

4. 禾晾的功能

侗族人民聚居的地方多是高寒山区，他们以务农为主，多种植糯禾、黄粟、糁子等。当收获季节到来时各家各户都选择寨边日晒时间长、通风良好的地方，起牌立架，专门用作晒禾把和黄粟、糁子穗。由于侗族人素来团结友爱，所以他们立的禾晾一个挨着一个，一排接着一排，一直把溪塘边和寨子旁围了起来，构成了一个连心架。它们沿溪环寨，构成了一派雅致的田园风光，当秋收时节禾晾上挂满了沉甸甸、黄灿灿的禾把时，又好似给侗寨围上了一条金色的长龙。冬季禾把已经被太阳晒够了，被风吹干了，这时侗族人放禾下晾、收谷入仓，家家户户杀鸡宰鹅，欢欢喜喜共庆丰收，整个侗寨充满了节日气氛。

6.4 凉亭、戏台

6.4.1 凉亭

黔东南少数民族人民有喜欢做好事的传统美德，在寨边、大道小路边、山冲水井边、通风拗口上，每隔十里八里（1 里=0.5 千米），便会建有一座凉亭，专供行人休憩使用。凉亭多用杉木建造，构造比较简单，一般是四、六、八柱立地，构成正方形或长方形，其中两边设置长木枋让行人歇脚，四周不封板；现也有砖木结构的，大小不等，形式不一，有的用杉木皮盖顶，有的用青瓦覆顶（见图 6.14）。有的凉亭上绘制有花草和飞禽走兽的图案，或有"风调雨顺、国泰民安"等文字，以表达吉利。

凉亭是黔东南少数民族地区的公益设施，均由村民自筹资金、投工献料修建起来的。有的凉亭边立有石碑，刻有建造时间、建造人及捐款人的姓名及款额。年长月久，风雨侵蚀，凉亭若有损坏，便有人主动献工献料将其修复。有的老年人乐善好施，会将自己编织的草鞋及种植的烤烟叶挂在亭内，供路人取用。

图 6.14　凉亭[2]

6.4.2　戏台

　　侗戏是在侗族叙事大歌的基础上，受桂剧、祁剧、辰河剧、桂北彩调、贵州花灯等汉、壮民族地方戏曲的影响而发展起来的民族剧种。据研究表明，侗戏大约产生于嘉庆、道光年间（1830 年前后），为侗族民间艺人吴文彩始创。侗戏的历史仅有百余年，因此戏台也是较新的建筑类型，规模与体量都较小，且造型也较为简朴。

　　侗族村寨中的戏台的位置则多用于鼓楼坪的场地建造。一般都会布置在鼓楼的对面或者一侧。这样可以满足看戏的场地要求。侗族人喜欢唱戏，它是村寨中的室外娱乐场所。戏台在侗族建筑群中与禾仓，寨门等一样都属于建筑小品一类。黔东南侗族村寨中戏楼的修建非常讲究，可称为是一种艺术品了。戏台分前台、后台、侧台等部分。戏台仍然采用侗族盛产的杉木建造，露面多用杉树皮或者小青瓦覆盖。戏台与民房大体一样，也是一种干栏式木构架建筑（见图 6.15）。台面一般离地大约 1.6 米距离，宽为 12 米左右，进深则有 7 米左右。台面用木板构筑墙壁，两侧分别有一个拱门。台前额枋上有木雕彩绘。前台高大突出，侧台则比较矮小，戏台一侧有楼梯，做上下戏台之用。一般戏台上层演戏，有些底层或作为准备间使用。

图 6.15　戏台

【复习思考题】

1. 寨门的形式有哪几种，形态结构由哪几部分组成？
2. 粮仓类型和构造特点是什么？
3. 禾晾的组成、特点和功能是什么？

第 7 章　黔东南民族建筑营造技法

学习提示

　　黔东南州民族工匠在长期的生产生活中形成了自己独特的营造技法，通过本章的学习，对黔东南民族建筑技术和建造过程有所了解。

学习要求

　　通过本章的学习，掌握黔东南民族建造技术，主要从以下几个方面：

　　（1）了解黔东南民族工具，重点掌握丈杆和签的使用；

　　（2）掌握吊脚楼、鼓楼和风雨桥的营造过程。

7.1 黔东南木结构营造工匠、材料和工具

7.1.1 木匠

木匠是对专门从事木构建筑营造的匠师的一种统称。每一栋民居的耸立都离不开木匠的参与。而且，苗寨和侗寨的各类建筑繁多，凡修建寨门、花桥、鼓楼、粮仓、凉亭都离不开木匠的参与。可以说，村寨的一楼一桥、一房一屋、一仓一亭、一门一栏都是木匠们一斧一刨建造起来的，木匠们为村寨设计出了一个温暖的聚落空间。

木匠是地方文化精英的代表，掌握着极为丰富的地方性知识，他们是民间文化的集大成者。笔者根据木匠所掌握的营造技艺的不同，将其分为以下三等技艺级别的木匠：

1. 半木匠

半木匠，主要是指生活于村寨这一自然与人文环境中，从小耳濡目染各类建筑的营造技艺，自己无意识中掌握一些简单的营造技术，但所掌握的营造技术还未达到可以作为谋生的手段，也得不到村民们的认可。在苗寨、侗寨，男子均掌握一些简单的营造技术，半木匠可谓比比皆是。

2. 木匠

木匠，主要是指营造技术比半木匠要娴熟，其营造技术得到整个社区或附近社区成员的认可，但与掌墨师这一级别的匠人又还有一定的差距。非农忙季节专门从事木工活来谋生，能设计与建造一些结构简单的建筑物，如民居、粮仓、凉亭、家具。他们可以单独从事营造活动，也可以跟随掌墨师进行团体营造活动，但主要是协助掌墨师施工。

3. 掌墨师

掌墨师，主要是指其掌握的营造技术已经达到艺术化，具备超出常人的营造技艺，能设计出结构复杂的建筑物，并对每根柱、瓜、枋如何下墨了如指掌，如鼓楼、风雨桥、民居、粮仓、凉亭等。营造活动中，最重要、最关键的内容是掌墨师对每根柱子、枋、瓜如何下墨。一般的木匠不懂得下墨，只有懂得下墨了，才能成为大家公认的掌墨师。

7.1.2 建筑材料

黔东南少数民族聚居在高山高岭，拥有大量的自然资源，方便就地取材。筑台用石砌，选取当地轻质板岩、变质砂岩、页岩等。房屋主体以木材为主要原料，以杉木为最佳，以木材作为主要的承重及围护系统，柱、墙、楼板以木材为主，也有选用竹子做竹编墙，芦苇编织的芦席做隔断和围护。屋顶除少数用杉树皮或茅草，现大多用青瓦。

此外，鼓楼还有多种特殊的辅助材料，例如用来粘屋顶的青瓦使用的猕猴桃的藤煮水与石灰合成的粘胶，还有用来做翼角等泥塑的灰泥等都是民族工匠们常用到的特制材料。

1. 杉木

由于杉木的质地细腻、防腐、防虫等特点，在黔东南民族建筑建造时，掌墨师们都会大量使用杉木。另外，杉木在当地产量非常丰富，也给它在鼓楼建造中大量使用提供了条件。

黔东南民居、鼓楼和风雨桥几乎所有材料都为木质，而在这其中所有相对重要的构件都是利用杉木制成的。

2. 竹子

在建造鼓楼时所用到的小样、丈杆、竹钉、下料和组装时要使用的竹签都是由竹子做成的。在建造民族大型建筑物时，竹签的作用很关键，其上标有尺寸和符号，以便指导零部件加工和构件组装。小样相当于现在人们所说的模型，但它又具有和模型不同的功能。小样在建造大型鼓楼时使用，它的作用是避免工人在加工构件和组装时出现错误。而竹钉则用来固定白土制成的小青瓦。这也是整座鼓楼少有的不用榫卯连接的部分。现今竹钉已被铁钉取代。

3. 桐油

处理竹钉子的材料便是桐油。竹钉经过桐油处理，耐用性、防腐性和防虫性都会增强。

4. 白土

屋顶用的前面提到的小青瓦就是用白土制造而成的，形似汉族建筑上的屋顶瓦片。其做法是，把黏性很强的白土与水混合，制成瓦状，然后经高温烧制，白瓦如此便成型。

5. 糯米和猕猴桃藤

鼓楼层檐上的装饰品用都是用这两种材料制作而成的，比如牛角、燕子等。此为其他民族不具有的建筑技艺。具体做法是把猕猴桃藤捣碎后用水浸泡，然后再用这些水浸泡糯米，接着把浸泡过的糯米用锅蒸煮，最后混合蒸熟糯米和白土，再加上浸泡过猕猴桃藤和糯米的水，捏制牛角、小鸟等各种形状的物件，立于鼓楼屋面，用以装饰鼓楼。以这种工艺做成的装饰的坚固性是有保证的，不过随着建筑工艺的发展，糯米和猕猴桃藤已被水泥所代替。

7.1.3　建造工具

如今黔东南州民族木匠所使用的木作加工工具仍是以传统的工具为主，有墨斗、角尺、竹竿尺、墨线、斧头、凿子、锯子、推刨、铁锤（钉锤）、木槌、棕绳、长木杆、木马、木钻等工具。随着社会发展，近年来也有工匠开始使用电锯、电钻、电刨等现代建筑工具的，以提高工作效率。

1. 锯子

锯子是常用的木作加工工具，主要用来齐根锯断原木等木场作业，常见的有框锯、钢丝锯、巧锯三类。

　　黔东南州民族木匠使用的锯子类型多为框锯，其结构主要由工字形锯架以及绞杆、绞绳和锯片四部分组成（见图 7.1）。框锯按大小和宽度又可以分为大锯、中锯、小锯三类。施工时将木料架在两个（或一个）"马凳"上，通过上下来回推拉使力控制锯片走动而齐根切断木料（见图 7.2）。

图 7.1　锯子[36]

图 7.2　马凳[36]

2. 斧头

　　斧是人类早期就使用的工具，原始人类时期就有"拾利石为劈器"一说。现代工匠所使用的斧均由原始形式演变而来，比较常见的有板斧、短斧和作为兵器使用的鱼尾斧、大斧等形式。木工作业过程中，斧主要是利用杠杆原理来砍削木料，也可在组装构件和凿榫眼时做敲打工具之用，如图 7.3 所示。

图 7.3　斧头[36]

7.1.4　平木工具

1. 刨子

刨子主要用来刨平、刨光、刨直和削薄木料，一般由刨身、刨刀片、刨柄、楔木等部分组成。按照刨子的形状和使用功能以及刨身长短可将刨子分为长刨、中刨、短刨、光刨、弯刨，平刨、槽口刨、线刨等，其中平刨最为常见（见图 7.4）。施工过程中将刨刀与刨身呈 40°~45°斜角推刨，刨刀中段宽缝用来排木屑，可将木料打磨得整齐光洁。

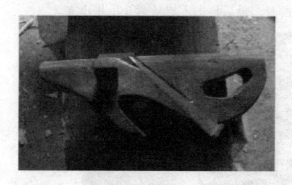

（a）槽口刨

（b）平刨

图 7.4　刨子[36]

2. 锛

锛作为平木器的一种，主要用来砍除树皮和削平木料。锛主要由锛刀、锛头和锛柄组成，其中锛柄长约 50 厘米。柄和头夹角一般为 60°左右，根据个人习惯可以调整。锛主要构造为：锛刀尾端插入锛头中，锛柄一段做单面挂榫插入锛头中段（见图 7.5）。使用过程中一手握锛柄底部，另一只手握其中段，向下向内用力砍便可削平木料，锛的使用需要技巧，切忌蛮力，操作过程中手眼并用，均匀使力才能将木料砍削平整。

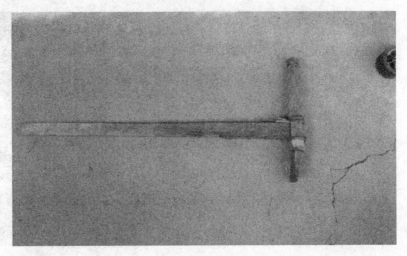

图 7.5 锛

7.1.5 穿剔工具

1. 凿子

凿子主要用于挖槽开孔，榫卯构造中的卯眼就是用凿和斧这两类工具配合完成的。

凿子按照不同的刀口形状可以分为：平凿、斜凿、圆凿、菱凿等类型。黔东南民族木匠所用多为平凿（见图 7.6），主要用于开凿四方形孔洞；其他类型凿子例如圆凿、菱凿则主要用于雕花等精工作业。凿子由凿刀和凿把组成，使用凿子打眼时，一手握凿把一手持斧，凿子两边晃动，以至于不夹住凿身，最后再把木屑从凿孔中剔出来。

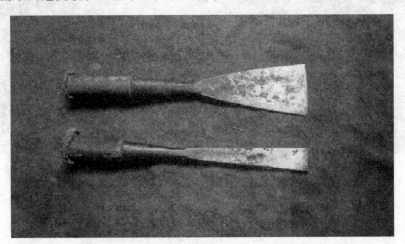

图 7.6 凿子[36]

2. 钻子

钻子主要由钻头、钻杆、手柄、钻陀和钻绳几个部分组成，是木工作业中重要的钻孔工具，民间修理锅碗瓢盆时也会用到它。使用方式是握住手柄拉动钻绳，手柄握在手中控制力度和方向，钻绳在杆上来回绕并使得钻陀转动，从而带动钻头钻孔。钻子操作不易，因此已经逐渐被现代钻孔工具代替。

7.1.6　尺类工具

黔东南州民族木匠用尺类型多样，常见的有曲尺（见图 7.7）、鲁班尺等，均在木作加工过程中被广泛使用。这些尺类工具主要用于测量记录木料尺度，也有的用来检验木料表面平整度，或是配合墨斗来画垂直线、平行线等墨线标记。

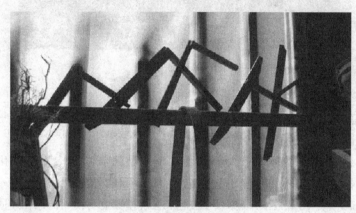

图 7.7　曲尺[36]

曲尺是木工以及钳工常用的一边长一边短的直角尺，主要用来检验刨削过的板、枋等构件是否垂直和边棱是否成直角，也可做测量用。曲尺主要分为尺杆和尺柄两部分，尺柄用作手把，略长于尺杆；尺杆用于丈量，长度有 1 尺、8 寸、6 寸等，1 尺为常用（1 尺=10 寸，1 寸≈3.33 厘米）。

鲁班尺在民间木匠作业过程中经常出现，它是建造房屋时的测量工具。与一般的尺类工具不同的是，鲁班尺经"风水界"加入"阴阳八字"学说，还可用来丈房屋或是门窗构件的吉凶。鲁班尺相传为春秋鲁国公输班所作，尺长为一尺四寸四分（48 厘米），尺上不但有尺寸刻度，还有趋吉避凶的文字，使用时构件尺度对应相应的吉凶文字，从而可以限定构件尺度，以求得与吉祥有关刻度吻合、古人认为这样可以起到避开凶灾、祈求平安的作用。鲁班尺在提倡现代文明的时代已经很少会被用到，但是其独具特色的文化意义仍然被民间社会推崇。

7.1.7　其他工具

1. 墨斗

墨斗（见图 7.8）在中国传统木工行业中比较常见，其主要用途有三个方面：画长直线，方法是将浸染过墨汁的墨线一端靠近要画线的木料端头，拉出转轮上缠绕的墨线一直到需要标记的另一端头并使墨线绷直且固定住，再提起墨线中段弹下即可。墨斗有一个牛角状的墨仓，可以用来储墨，再用墨签蘸墨与曲尺配合来画短直线或做标记。

图 7.8　墨斗[36]

2. 丈杆

丈杆是黔东南木结构在建筑中不可缺少的工具，丈杆也可以说是一把由人工自制的尺子，木结构营造的整个过程中，它起到指导施工的作用，其使用是最重要的一个过程。这种工具只有制作它的掌墨师一个人会使用。黔东南民族建筑大多都依山而居，很多建筑要受到地势的影响，鲁班尺在使用起来会有很多不便的地方，因此并不是所有的尺寸都能使用鲁班尺，于是民族工匠根据实践经验逐渐摸索出了一种使用方便，并可以随时制作的工具——丈杆（见图 7.9）。掌墨师在下墨线建黔东南民族建筑时从来不需要绘制草图，所有的一切全都在这根木制丈杆中。虽然丈杆看起来简单，但这都是掌墨师根据建筑的构造以及自己的使用习惯制作的独一无二的丈杆。不过它基本的制作要求都是差不多的：丈杆的长度要比建筑的中柱长一些，正反两面刻上已经计算好的中柱、二柱、瓜柱、穿枋洞口这些关键位置，并且用自己特有的符号标记出来。基本上一根丈杆制作完，一栋吊脚楼或是鼓楼也就在掌墨师心中建造完成了。所以，在黔东南地区，一个木匠只要会计算和刻画丈杆，就基本等于会建造房屋了。

图 7.9　丈杆

在重大项目施工前，掌墨师、其余的木匠师和有分配弹线任务的木匠先要一起确认小样的构架及核对图纸中主要构件的标高和尺寸。待匠师按设计的结果进行丈杆的绘制之后，木匠即以丈杆上的尺寸为依据开始下料。丈杆是木工在营建时使用的度量尺，它是按 1∶1 的比例关系对工程对象进行表述的。依据丈杆的这个基本性质，它在施工中主要有三个功能：其一，对场地进行丈量放线；其二，配合竹签确定的尺寸，对构件进行制作与加工；其三，校对构件的位置及核算所有构件的数目。综上所述，丈杆相当于营建过程的施工图纸，匠师用它记录了所建木结构的面宽、进深、各构件的尺寸、榫卯大小和位置等。较之现代的建筑图纸，丈杆的整体关系简洁而清晰，同时又能放线及度量，这确实是小比例的施工图在传统营建中无法取代丈杆位置的根本原因。

（1）丈杆符号。

丈杆的符号主要确定卯口的尺寸大小，与卯口对应的枋的榫头名称，如图 7.10 所示。

图 7.10　丈杆符号

（2）丈杆的使用。

制作丈杆和使用丈杆的流程如图 7.11 所示。

设计和制作丈杆 ——→ 画墨 ——→ 加工柱子

图 7.11　制作丈杆和使用丈杆的流程

丈杆在使用过程中，用来确定柱身卯口的位置，并在木柱将卯口长度做好标记，如图 7.12 所示。

图 7.12　丈杆使用过程

（3）丈杆与木结构民居一榀排架的对应关系如图 7.13 所示。

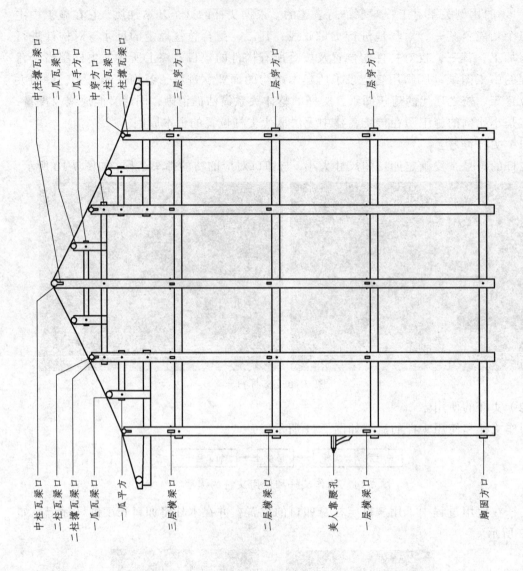

图 7.13 丈杆与木结构民居一榀排架的对应关系

3. 签

竹签严格来说只能算是辅助工具，在构件制作过程中代替尺子的作业，但比尺子的作用更加丰富和方便。它的用途十分广泛，有测量、标记、提示等用途。竹签的标记和提示作用在黔东南民族建筑的修建过程中也是非常重要的，竹签上都有黔东南苗族、侗族木匠特有的文字，这些文字与民族建筑构件的名称相对应，民族建筑就是依靠竹签的标记和提示功能逐步完成建构过程的。

（1）制签材料分类。

制签材料分为木材和竹子，分别对应四方木签和两面竹签，如图 7.14 所示。

（a）四方木签　　　　　　　　　（b）两面竹签

图 7.14　签

（2）签的功能。

签指用独有的符号、文字记录柱眼或者瓜眼的深度、长度、宽度的工具，通过相关符号的深度来确定进入这个柱眼或瓜眼的枋的枋头各部分的尺寸，分别记录柱眼、瓜眼的深度（枋端长度）、长度（枋端宽度）、宽度（枋端厚度）以及木楔口位置、枋的位置、签的类型等。

（3）套签种类分类，签的命名，签的功能。

签一般分为柱签和瓜签。

套签是指在开好柱眼或者槽眼的柱（已经做好的柱），用签对需要安装枋的柱眼或者槽眼进行记录，用签特殊的符号、文字进行标记，签的每一个签头都与柱的一个柱眼或者槽眼一一对应，并用文字记为某某柱签。

柱签和瓜签都以构件命名，如壹排前言（檐）柱签、陆排中瓜签，如图 7.15 所示。

（4）套签过程。

制作签和使用签的流程如图 7.16 所示。

① 套签就是用空签记录柱眼的信息过程。将空签的一头穿入柱眼腹中，记录柱眼深度，如图 7.17 所示。

② 画枋：找到枋对应的签，用签上的符号组确定枋头尺寸，如图 7.18 所示。

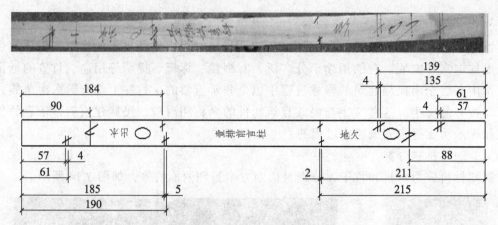

图 7.15　签的符号

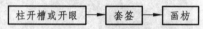

图 7.16　制签和用签的流程

图 7.17　记录柱眼深度

图 7.18　画枋

7.2　黔东南木结构营造过程

黔东南木结构的营造是苗族、侗族村寨的一件大事，需要经历很长的时间进行准备和建造，其流程对于不同的结构有相似也有不同，下面分别来进行介绍。

7.2.1　苗族吊脚楼

修建房屋是黔东南少数民族的一件大事，其过程十分复杂，需要经过很长时间的准备，其过程如图 7.19 所示。

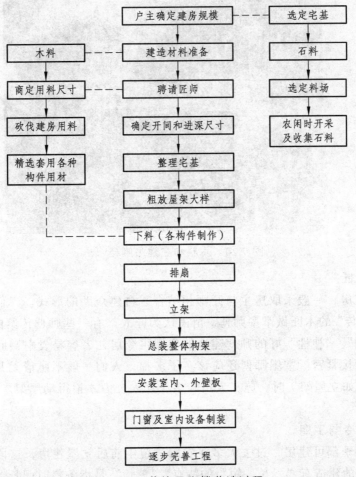

图 7.19　苗族吊脚楼营造过程

1. 建造前的准备

（1）筹措资金。

苗家建房要有一定的资金，现在随着木材等价格上涨，建房是家庭的一笔重大开支。

（2）选好地基。

建房选在顺坡、方位向阳、对山坳的位置最好。地位高和经济实力强的家庭选好地方建造较大的房屋，一般的家庭就不太讲究了。以往选择寨内或紧靠村寨适于建房的空地，只要是自家的地，便可作为盖房之用。目前因为地基由政府统一规划，建新房首先要向当地政府申请，经同意后购买地基，所以一些人家选择将旧房拆掉，在原址上再建新房。

（3）准备材料。

建房木料一般经向林业部门申请获批后，在自家的林地砍伐。如家里没有杉林，可向村内或外地购买木材。砍伐杉木时间为每年 6～8 月，因为此时杉木水分多，易剥树皮，加之阳光充足，木料干得快。如图 7.20 所示。

图 7.20　木料和在建吊脚楼[7]

（4）落实工匠。

苗家起屋盖房，一般采取房主与匠师相结合、自建众助的形式。人们喜欢请那些名望高、得到"真传"的木匠做掌墨师傅。苗民认为匠人都有一些师傅传给的"秘诀咒语"，具有某种"神性"。"神性"好的师傅建造的房屋可令居住者容易发财兴旺，经他们指导搭接的木构件衔接紧密。掌墨师傅还应该多子多福，人们一般不愿请无儿无女的木匠师傅。集中兴建（如立屋架）时，施工人员较多，众人合力才抬得动屋架。当屋架立好后，只留少数人施工。

（5）建房时令与工期。

现在一年四季都可建房，过去大多在农闲过苗年前后立屋建房，这段时间村寨人多热闹。干栏木楼的建造有"三长一短"的特点，"三长"是指备料时间长、构件制作时间长、装修镶板时间长，"一短"是指屋架竖立只用一两天时间。建一栋三间一厢阁的吊脚楼，需数个徒工和师傅一起制作，屋架立成后，安装板壁和门窗需要 5 个月左右。若经济条件不佳、材料准备不充分，只需铺装好主要部分，以后再分期完成，先需要哪部分就先安装哪部分。

2. 地基处理和筑台

苗族吊脚楼多因地制宜，将天然地形中坚实平整的坡崖辟为地面部分，避开冲沟滑坡，其余部分则灵活设立吊脚柱。苗居平整地基较易，土方量小，但因山坡筑台较高，石砌量大。在坡地开挖屋基，用山石或河石将两层房屋地基砌好，用泥土和碎沙石铺平，然后用木槌夯砸平整，使屋基平台坚实牢固。使用的主要工具是锄头、钉耙、撮箕。立面的砌石可巩固基础，并防止滑坡。筑台多为"干码"，以土塞缝。横纹砌筑容易断裂，因而将石块立排，在转角处用大型块石收边，石缝纹路别有风致。这种砌法效果结实牢固，且施工速度快。如图 7.21 所示。

图 7.21　干码基础

3. 制作木构件

掌墨师傅只负责选定构件，画出开凿卯眼的位置、形状和大小，并在构件某处标注记号、文字，以便识别。木匠师傅用木尺和一根刻画尺寸的长木条（或竹竿）将木构件材料逐一画好墨线，需一周左右时间。之后，徒工们依师傅画的墨线拆枋凿眼，把木柱、枋、檩锯好、刨好，并将所有构件的榫卯梢齿斫好，耗时十天半月。如图 7.22 和图 7.23 所示。

图 7.22　木构件加工过程[7]

一栋三层三开间的吊脚楼，按传统标准需用 24 根木柱、40～50 根枕木、39 根檩子、28 根梁枋、135 根橡子、600 根枋子、600 张木板。20 根柱子排成 4 排，每排 5 根，其中有 16 根落地，4 根不落地。落地的柱脚要用方形或圆形石础支垫，不落地的 4 根分别架在走廊一侧的 4 根穿枋上。

图 7.23　加工好的木构件[7]

构件尺寸适宜，柱径除中柱略粗外，一般在 20 厘米左右，楼袱（楼板下的斗枋）断面为 7 厘米×15 厘米左右，檩径为 12 厘米左右，楼板厚 2.5 厘米左右，个别地区超过 6 厘米。

4. 木构架的搭接和竖立

（1）上排柱。

当房屋的各种木构件制作完成后，开始上排柱，每 5 根柱子为 1 排（榀）。房主要请村里青年（10～15 人）帮忙，和徒工们用穿枋将木柱串接成排，如图 7.24 所示。

图 7.24　上排柱[7]

（2）立屋架。

立屋架要人多，一般 30～40 人，由房主家通知叔伯兄弟及村里青年，参加立屋架的人要带家里的长木杆、棕绳及木槌等工具。立屋架时从一端开始，先立第一排（左排），依次往右。立排时一部分人在一侧用木杆和绳子牵拉排架的上部，同时用脚抵住排架的底端；一部分人在另一侧用木杆推撑排架的中上部，用手推排架的下部。大家统一听指挥，齐心协力将排架竖起。如图 7.25 所示。

（a）　　　　　　　　　　（b）

（c）　　　　　　　　　　（d）

（e）　　　　　　　　　　（f）

图 7.25　立屋架的过程[7]

　　每两排立好后，排与排之间要用斗枋串接，并通过调整使搭接牢固。枋与柱的主要连接点均用木栓固定，起到防止枋榫与柱卯脱离的作用。

房屋周边各柱均匀向内倾斜的做法叫"向心"。立好柱架后，用绳索扎牢绞紧，檐柱和山柱柱头均向内倾斜5°左右，这样既将各节点挤紧，视觉上又获得立柱垂直稳定的效果。

（3）上宝梁。

立屋架和上梁一般在同一天进行，上宝梁是立屋架的重要程序。屋架立好后，正中梁最后架上。房主和木匠师傅分别爬到中央开间两排中柱上，细心将宝梁平稳地拉到两中柱顶上安装好，一栋吊脚楼的框架正式立成。架好正梁即可宴饮庆贺。如图7.26所示。

图 7.26　上宝梁

（4）上檩子。

新房框架立成后的第二天要上檩子，工匠们将一根根檩子抬上房顶，在每排柱尖齿口上安装檩子，根据吊脚楼开间的长度，每根檩子长3.3~4.3米，直径14厘米左右。如图7.27所示。

图 7.27　檩条[7]

（5）钉椽子。

每条椽子宽4~5厘米，厚3厘米。按照小青瓦的尺寸，每条椽子相距13~15厘米，用铁钉将椽子钉在檩上。如图 7.28 所示。

图 7.28　钉椽子[7]

5. 上瓦

一栋三开间的吊脚楼至少用 15 000 块小青瓦。吊脚楼框架立成后要抓紧盖瓦或盖杉木皮,以防止暴雨冲淋,从而保护屋基安全,避免木材朽烂。房主买到小青瓦后,就去请当地或外地的瓦匠来盖瓦,同时请村里人来帮忙,把小青瓦搬运到房架上。瓦匠先把屋檐两面铺好,最后盖屋脊。房屋的檐口用椽紧,以防瓦片掉落。屋脊正中一般用瓦片摆成一个元宝形状,这样做可以向两侧产生压力,使瓦片之间更为紧实。如图 7.29 所示。

图 7.29　上瓦[7]

6. 安装楼板和墙壁

房屋瓦顶盖好后安装楼板和墙壁。房主可找木匠 1~3 人(一般一个木匠安装一栋吊脚楼要 3~4 个月）。所用材料是枋子和木板，枋子一般宽 20 厘米、厚 4 厘米、长 2 米，木板厚 3 厘米、长 1.8~2 米。装楼板时，将木板两面推刨平整，两边刨有槽口，企口嵌缝铺装，一张张木板相互衔接，钉在枕木和斗枋上。装墙壁（板壁）时要先安装枋子，构成方框，然后装填木板。如图 7.30 所示。

一般先装"家先壁"（位于堂屋正中，分隔中堂为前后两部分的墙壁），然后装"地楼板"，再装第二层的外墙，继而装"天楼板"及第三层的外墙，最后装底楼的外墙。分隔魔间的墙壁从明间开始装，再装次间和梢间。安装墙壁顺序遵从"祖先和长辈居室优先"的原则。

图 7.30　安装楼板和墙壁[7]

安装楼板和墙壁使用锯子、平推刨、槽刨、钉锤、斧头、方啄、尖啄、木尺、墨斗、木钻等工具。施工制作要求精细、美观、大方。

7. 装修和装饰

苗居建筑朴实简洁，只在重点部位加以修饰。房屋前后要安装门窗，窗户既为采光，也是房屋的装饰。堂屋窗宽一般为 70 厘米，高 80 厘米。

房屋大门要安装木门两扇，并紧挨木门安装两扇牛角门。一般正门两扇，每扇高约 2.05 米，宽约 1.15 米。门楣上安有两个雕花木方柁和木牛角，以示迎财、进屋吉祥。堂屋两扇木门上方同样安有雕花木方柁和木牛角，并在门两侧安装方形雕花窗。堂屋前门槛高 40~45 厘米，以求财源进家而不外流。

美人靠用两根长枋和 23~25 根弯月形栏杆制作，栏杆高 53 厘米。栏凳长 4 米，宽 30~40 厘米，厚 5 厘米。栏凳两端穿接在两侧立柱上，距离地板 40~45 厘米高。这种尺寸的美人靠坐上去舒适平稳。挡板和角撑雕刻简单几何纹饰。

另有说法：美人靠的靠背长 3~3.7 米，坐凳高于楼板 39~45 厘米。栏杆 27~35 条，高 39~66 厘米，每根 3 指宽，以 6.6~10 厘米的间隔排列。坐凳板厚 5~7 厘米，宽 30~35 厘米。

檐口装饰主要体现在封檐板和挑檐枋上，檐板较窄，多做成拱桥形。吊柱垂瓜形式多样，雕刻手法简洁，常雕齿轮图案。

吊脚楼在二层中间房屋的位置立大门，且在堂屋东壁上钉块小木板，其上摆两个小酒杯，再挂上两个小竹筒，逢年过节用酒敬之并插香祭祖先。

8. 油漆

木构苗居较少采用漆饰，为防木材朽烂，多以生桐油涂刷吊脚楼前后墙壁、美人靠、堂屋楼板和两侧墙壁，桐油不加工。先用清水清洗楼板和壁板，用布擦干后涂刷桐油，以达到光亮好看和保护墙壁的作用。现在部分人家也用油漆涂刷美人靠和窗户，与原来古老的房屋本色不相称。

7.2.2　鼓楼

修建鼓楼是寨中最重要的事，村寨全体村民，有钱捐钱，有米捐米，有力献力，捐多者不必骄矜，少捐的也不会被人笑话，重在参与，重在心诚。修建鼓楼的劳作，更是全寨的男女老少都会积极参加，修建鼓楼过程如图 7.31 所示。

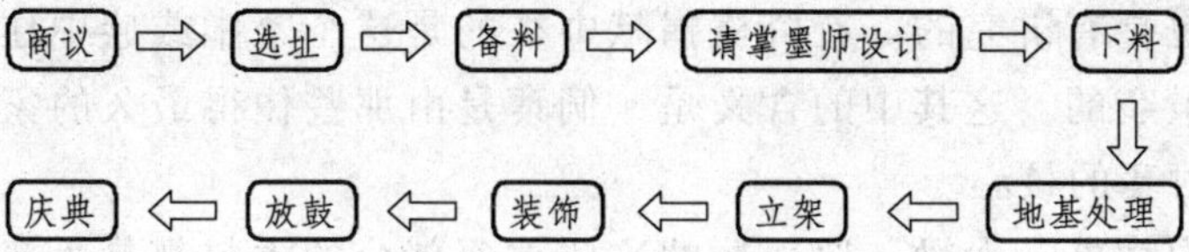

商议 ⇒ 选址 ⇒ 备料 ⇒ 请掌墨师设计 ⇒ 下料

庆典 ⇐ 放鼓 ⇐ 装饰 ⇐ 立架 ⇐ 地基处理

图 7.31　鼓楼建造过程

1. 商议

修建鼓楼是寨中集体大事，所以需要集体讨论商议。关于鼓楼的修建，以前和现在的方式是完全不同的。以前是由村民自发的会议来裁决，由德高望重的老人主持会议；现在是由村委会、党支部书记和老年协会共同商定。而商讨的主要内容就是关于建造的规模、投资以及大家在建造过程中的责任和义务，并且还要考虑由谁设计和谁来主持。

2. 选址

侗民认为鼓楼修建涉及"风水"，须请"风水师"参与，找到好的建造地址，而之后还要祭拜神灵和祖先，然后才算是正式的选择好了地址。之所以选址的时候要注重"风水"，是因为村民认为它会决定族群未来发展的命运。鼓楼是村子的基础，也是地理方位的中心位置，有了鼓楼，然后再在它的周围建造村子。具体建造鼓楼的时候，不仅要关注方位"风水"，鼓楼的朝向等问题也是需要慎重考虑的，这又涉及丰富的自然地理知识。

当地侗民在村寨的修建上会根据周围的自然环境把整个村寨拟物化，如贵州黔东南黎平肇兴大寨中的鼓楼综合起来形态就酷似一艘船上的帆，五座鼓楼就代表五张帆。既然把村子比作船，那么在船头位置的鼓楼肯定要矮一些，而船中间的鼓楼要高一些，船尾的鼓楼则最高，这能够给人一种扬帆起航的美感。也有一些村子被比作是某种动物，那么就会在头部等重要的位置去修建鼓楼，这样赋予鼓楼一种灵魂中枢的感觉。

3. 备料

为鼓楼的修建备好材料，也是非常有民族特色的过程，同时也能够加强族人之间的沟通，团结族人。

鼓楼的主要建设材料是杉木，主体结构的材料都会用到它。整个村寨中的各家各户都会捐赠小木料以供鼓楼修建，以此来说明鼓楼是全寨村民共同修建的。同时，小木料成为鼓楼的一部分，也在暗示寨中每家每户都是鼓楼所代表的侗寨的一部分。而附近的侗寨也经常提供一些建筑材料，主要是木料以及它们的加工成品，比方说凳子等，一来加强交往，互通友谊，也为婚姻交流做了很好的铺垫。

建造鼓楼的雷公柱材料的选择是很有讲究的。需要到山寨外的山坡上选择三棵相邻的杉树中最大的那一棵。在选择好要砍伐的杉木之后，一定要举行一个隆重的仪式，仪式的材料主要有酒、香烛和鸡，在仪式进行的时候，有专业的法师先念咒语，咒语念完之后，举起斧头砍树，仪式完成。之后用砍下的树木作为材料修建鼓楼。备料过程中，对于伐木者也是有着严格的要求的，具体的规定如下：伐木者为男性，必须所有的同辈都健在，且长辈不能存在着非正常死亡的状况。而且，刚砍倒的树木不能直接触地，要用树枝维持着，同时倾斜的方向要顺着山脊的方向，待把树枝剃光后，直接从山上抬到鼓楼坪中的马凳上。

中柱的献料也是有讲究的。有资格捐献中柱的是这个寨中或族中住得最久的那户人家，这个资格是世袭的。这其中的含义是，侗寨是由那些住得最久的家庭慢慢发展起来的，他们是整个村寨的核心。

除雷公柱和中柱外，大梁、照面枋的这些重要部分的木料都是由寨中或房族中非常德高望重的老者选择。一般的标准是树龄大的、体型粗壮丰满的、材质上乘的木料才能作为鼓楼重要构件的材料。并要做好标记，这些好木材不能被当作其他木材使用。所用木料中，对木材要求最高的是架在中柱之上的大梁，因为它要承担整个鼓楼宝顶的重量。同时，鼓楼中的立柱间距越宽，大梁承受的荷载也就越大。鼓楼中的各个中柱，也是由寨中或族中有名望老人的捐献。这说明他们支撑起了整个村子或宗族，他们是这个村寨或宗族中的主体。

4. 请掌墨师设计

掌墨师在修建鼓楼的过程中所起的作用有：主持设计营建、弹墨划线和祭祀等。

修建一座鼓楼需要两个掌墨师：一个掌墨师负责设计鼓楼，画出各个构件大小和卯榫的开口位置；另一个掌墨师和其他的匠人则根据前一个所画对木料加工作业，制成作品。而在鼓楼建设完成的时候，为了表示感谢和纪念，会留下设计者的名字，也表示鼓楼是由他们设计的。

5. 下料

下料即是对于鼓楼的建筑材料进行加工。这个过程也是非常重要的，因为它关系到整个构造过程。需要由掌墨师及匠人将建筑材料中的梁、柱、都根据设计鼓楼的丈杆在木料上画好的墨线凿眼，锯出枋头，然后分类堆放。负责设计的掌墨师会对鼓楼的柱、梁等材料的加工进行精密的设计。接着，再确定其他构件的设计加工，然后一一标明它们在梁、柱上的位置。

在进行建筑材料加工的时候，鼓楼掌墨师会把丈杆和竹签都制作完成。而在具体操作的时候，匠人师傅就可以根据这些丈杆和竹签去选取相应的材料，同时根据丈杆和竹签上的标记对木料进行加工，精准凿眼。

6. 地基处理

　　如果鼓楼的选址基地不平整，则需要对基地进行处理，可以用挖方和填方的方法使鼓楼地基和鼓楼坪平整。然后会在上面铺上鹅卵石，拼出各种不同的图案，如钱纹、八卦、鱼、花等，以示吉祥之意。如图 7.32 所示。现在的侗寨一般铺设成水泥地，但是由于水泥地不耐脏，沾水易滑，不利于在逢年过节村民们在芦笙踩堂和唱歌跳舞，所以有些侗寨还是采用铺设鹅卵石的方式。

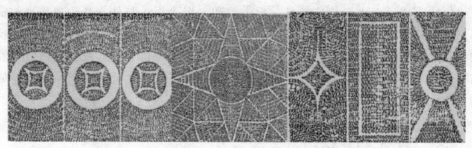

图 7.32　鼓楼地坪[26]

7. 立架

　　完成了鼓楼构件的制作和平整地基的工作后，就进入了鼓楼的立架阶段。第一根柱子在搭建的时候，一定要举行祭祀的仪式，选择吉日。之后还要有相应的贡品，并且有鼓楼墨师进行主持，念出代代相传的咒语，祭鲁班神，祭山神，请去世的墨师保佑鼓楼的顺利完工。仪式结束后，第一根主柱被抬进修建鼓楼的场地，使其竖起，然后再分别竖起余下的三根柱子。建造的步骤是从简至繁，先把它们简单地固定住，然后再以穿枋连接，让它们都稳定住。之后就是檐柱的搭建过程，先把每边都连成一体，然后同时竖起来，之后再让枋和立柱衔接起来，这样主柱的连接就完成了。然后是把瓜柱叠加构建，再来架大梁，立雷公柱，直至鼓楼宝顶。如图 7.33 所示。

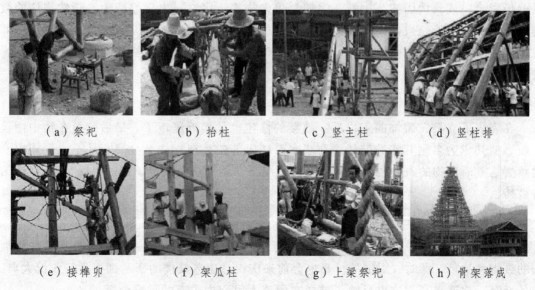

（a）祭祀　　　　（b）抬柱　　　　（c）竖主柱　　　　（d）竖柱排

（e）接榫卯　　　　（f）架瓜柱　　　　（g）上梁祭祀　　　　（h）骨架落成

图 7.33　鼓楼立架[26]

8. 上梁

上梁是侗族传统鼓楼、民居建造过程中的一个重要程序。鼓楼主体构架完成后，选个吉日良辰，将鼓楼主梁（太平梁）升至顶悬空架在两主承柱枋之间，称作上梁。念咒语后杀鸡，将鸡血淋在即将被拉上的第一梁上，并系一小红布与谷穗。站在鼓楼顶端的两人分两端各持一根绳子将梁柱缓缓拉起，同时鸣放鞭炮。梁拉到顶端后架设于两主承柱之间的枋上，随后将糖果、糍粑、红包等物从鼓楼顶四下撒，鼓楼下人们嬉笑着争抢。

上梁仪式完成后，由梁（一般是一根主梁和二根次根）与枋连接构成鼓楼的横跨构件，是上架木构件中一个重要的部分，在梁上漫装木板，这样在主承柱之间构成顶层平台，这里是悬挂鼓楼信号鼓的地方。现在鼓楼上的顶层平台上仍然放置着鼓，虽然已经不用这种方式来传递信号，但是作为习俗这种放置的方式还是流传了下来，已经成了一种传统。

9. 架顶

根据鼓楼主承柱数量和楼冠形式（平面为正四、六、八角），决定是否增加内瓜柱，使增加的内瓜柱与主承柱顶端平行。在主承柱上施以古老的"人"字斗拱，利用斗拱的井干式枋架承载瓜柱，对角瓜柱用穿枋呈"十"字连接对穿雷公柱，支撑雷公柱，使其悬空，这样就构成了鼓楼的顶架结构。楼顶按对角线构筑垂脊，从檐角到楼顶逐渐收分。在额枋与屋顶之间，安装如意"斗拱"。

10. 装饰

在鼓楼的主要建筑工作都完成的时候，就要对鼓楼进行细加工，装饰鼓楼。这个过程也是需要很多人共同努力才能够很好完成的，比方说画匠、木匠、泥匠、瓦匠等的精心劳作。通过瓜柱筑起层层短梁来支撑檩条，从顶部依次降至檐枋。檩条之上设椽，接下来盖小青瓦、制脊（用称猴桃藤捶烂与石灰混合，加入糯米水进行搅拌）、封檐。在各层檐板彩绘民族风情图案、刻雕、泥塑鸟兽人物等工序，一坐飞檐翘角、巍然雄伟的鼓楼便告竣工。不论是殿阁式鼓楼或是宝塔式鼓楼，其底层正中均设有火塘，火塘四周即主承柱之间，多设有宽大的长凳，有的鼓楼檐柱间还设有靠背的栏椅，为了便于攀登，设楼梯，安装栏杆。

11. 放鼓

在完成了立架，装饰的工作后，鼓楼的修建也就接近尾声了。最后就是在楼中增设大鼓，使其成为名副其实的鼓楼。在很多鼓楼内部的某根立柱上会架有梯子。侗族中专门负责这方面事物的人会在寨中遭遇紧急情况下，爬梯登上鼓楼顶部的小阁，敲打皮鼓，击鼓传信。

12. 庆典

在鼓楼建成后的三天，村寨里的侗民会一直庆祝，隆重的"踩歌堂"仪式在鼓楼周围的鼓楼坪举行。那时，周围的村寨也会前来庆祝，建造鼓楼的寨子则要举行庆祝大典，准备盛宴，欢迎来宾，这也反映了鼓楼在侗族人民心中占有的重要位置。

7.2.3 风雨桥

风雨桥的营建过程是一个非常有秩序的过程，其营建过程为：集体商量风雨桥的选地和规模，木料的准备，聘请墨师进行建造，确定木料的尺寸，择日进行开建，上墨，下料，立架，其余制作程序，建成，如图 7.34 所示。

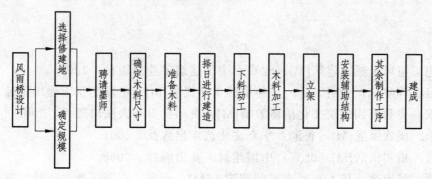

图 7.34 风雨桥建造过程

风雨桥建成后要举行隆重的踩桥仪式。当桥梁竣工后，在桥的两头出口处系上红布封桥，待到举行落场庆典时方拆开。踩桥仪式是竣工庆典仪式，类似于剪彩。由祭师在桥上设祭坛，祭拜神灵后，村里 60 岁以上的老人们在一个德高望重的老者带领下，身穿百鸟衣，踏上桥头。老人们所穿的百鸟衣就是仙鹤和凤凰，当老人们走过桥时，表示引领了仙鹤和凤凰飞到桥上来。老人走到桥的中间的祭坛前时，带头的老者便开始高声朗诵踩桥祝词，和上梁踩梁一样，老者念诵的祝词都是吉祥话语。每向前走一步，念诵一句，并放下一枚银毫。当带头的老者念诵完祝词时，跟在后面的老人，捡起银毫和之前设祭坛时的物件，众人尾随老人们通过风雨桥。当老人们通过风雨桥完毕后，这时，芦笙吹起，鞭炮声四起，场面欢腾。风雨桥的落成庆典是件大事，附近村寨的和远方的客人闻知都会备办礼品，过来祝贺。踩桥仪式过后是村寨的芦笙队比赛，还有歌队比赛，场面热闹非凡。

【复习思考题】

1. 黔东南民族建筑营造过程有哪几种类型工具？
2. 丈杆的功能是什么？如何使用？请找一个实际的丈杆进行说明。
3. 签的功能是什么？如何使用？请结合实际工程进行说明。
4. 吊脚楼的营造过程包括哪些阶段？
5. 侗族鼓楼的营造过程包括哪些阶段？
6. 风雨桥的营造过程包括哪些阶段？

参考文献

[1] 李先逵. 苗居干栏式建筑[M]. 北京：中国建筑工业出版社，2005.

[2] 罗德启，谭晓东，董明，等. 千年家园贵州民居[M]. 中国建筑工业出版社，2009.

[3] 麻勇斌. 贵州苗族建筑文化活体解析[M]. 贵阳：贵州人民出版社，2005.

[4] 余达忠. 侗族民居[M]. 香港：华夏文化艺术出版社，2001.

[5] 罗德启. 贵州民居[M]. 北京：中国建筑工业出版社，2008.

[6] 杨永明，吴坷全，杨方舟. 中国侗族鼓楼[M]. 南宁：广西民族出版社，2008.

[7] 张欣. 苗族吊脚楼传统营造技艺[M]. 合肥：安徽科学技术出版社，2013.

[8] 吴浩. 中国侗族建筑瑰宝——鼓楼风雨桥[M]. 南宁：广西民族出版社，2008.

[9] 曹昌智，姜学东，吴春，等. 东南州传统村落保护发展战略规划研究[M]. 北京：中国建筑工业出版社，2018.

[10] 高培. 中国千户苗寨建筑空间匠意[M]. 武汉：华中科技大学出版社，2015.

[11] 高雷，程丽莲，高喆. 广西三江侗族自治县鼓楼与风雨桥[M]. 北京：中国建筑工业出版社，2016.

[12] 蔡凌. 侗族聚居区的传统村落与建筑[M]. 北京：中国建筑工业出版社，2007.

[13] 赵晓梅. 中国活态乡土聚落的空间文化表达：以黔东南地区侗寨为例[M]. 南京：东南大学出版社，2014.

[14] 刘洪波. 侗族风雨桥建筑与文化[M]. 长沙：湖南大学出版社，2016.

[15] 蒋维波. 贵州黔东南地区苗族村寨空间形态研究[D]. 北京：中央美术学院，2013.

[16] 邓锐. 贵州雷山县苗族聚落景观研究[D]. 北京：北京林业大学，2013.

[17] 李志英. 黔东南南侗地区侗族村寨聚落形态研究[D]. 昆明：昆明理工大学，2002.

[18] 邹冰玉. 贵州干栏建筑形制初探[D]. 北京：中央美术学院，2004.

[19] 周振伦. 黔东南地区侗族村寨及建筑形态研究[D]. 成都：四川大学，2005.

[20] 顾静. 贵州侗族村寨建筑形式和构建特色研究[D]. 成都：四川大学，2006.

[21] 祝家顺. 黔东南地区侗族村寨空间形态研究[D]. 成都：西南交通大学，2008.

[22] 关格格. 黔东南侗族传统村落空间形态调查研究——以南江村为例[D]. 西安：西安建筑科技大学，2015.

[23] 唐洪刚. 黔东南侗族民居的地域特质与现代启示[D]. 重庆：重庆大学，2007.

[24] 郎维宏. 黔东南侗族建筑装饰初探[D]. 重庆：重庆大学，2007.

[25] 程艳. 侗族传统建筑及其文化内涵解析——以贵州、广西为重点[D]. 重庆：重庆大学，2004.

[26] 陈鸿翔. 黔东南地区侗族鼓楼建构技术及文化研究[D]. 重庆：重庆大学，2012.

[27] 田泽森. 黔东南侗族鼓楼建筑技术传承方式及其影响因素研究[D]. 重庆：西南大学，2014.

[28] 向同明. 侗族鼓楼营造法探析——以黎平"天府侗"为例[D]. 贵阳：贵州民族大学，2012.

[29] 朱建花. 贵州省黎平肇兴建筑装饰艺术研究[D]. 贵阳：贵州民族大学，2016.

[30] 卢云. 黔东南苗族传统民居地域适应性研究——以台江县反排村为例[D]. 贵阳：贵州大学，2015.

[31] 赵步云. 基于苗岭地貌与景观的保护性村落规划与研究——以西江千户苗寨为例[D]. 贵阳：贵州大学，2016.

[32] 田新. 黔东南侗族鼓楼建筑艺术研究[D]. 贵阳：贵州师范大学，2016.

[33] 王媛. 贵州黔东南苗族传统山地村寨及住宅初探[D]. 天津：天津大学，2005.

[34] 何嘉琳. 贵州地区民族村落景观研究——以黔东南州西江千户苗寨为例[D]. 西安：西安建筑科技大学，2018.

[35] 胡碧珠. 湖南侗族鼓楼营建技艺[D]. 长沙：湖南大学，2012.

[36] 李哲. 程阳八寨杨家匠的风雨桥营造技艺[D]. 深圳：深圳大学，2017.

[37] 凌恺. 广西侗族风雨桥木构架建筑技术初探——南宁相思风雨桥为例[D]. 南宁：广西大学，2015.

[38] 马可靠. 侗族风雨桥建筑艺术——以广西三江邑团桥为例[D]. 南宁：广西民族大学，2011.

[39] 苑婉秋. 侗族寨门文化研究——以从江县占里村为例[D]. 吉首：吉首大学，2018.

[40] 龙林格格. 湘西花垣县苗族传统村落空间形态解析[D]. 北京：北京建筑大学，2018.

[41] 姚俊. 浅析广西三江侗族寨门的建筑形态[J]. 大众文艺，2013：48-49.

[42] 高倩，赵秀琴. 黔东南地区苗族、侗族民居建筑比较研究[J]. 贵州民族研究，2014，35（163）：52-55.

[43] 吴琳. 贵州侗族鼓楼宝造[J]. 建筑学报，2009（S1）：55-59.

[44] 金潇骁. 两种山地建筑的生态适应性研究——以福建客家土楼和贵州苗族吊脚楼为例[J]. 贵州社会科学，2012，365（1）：96-103.

[45] 吴位巍. 苗族木质吊脚楼的榫卯技艺[J]. 贵州民族研究，2013，34（152）：51-54.

[46] 彭礼福. 苗族吊脚楼建筑初探——苗族民居建筑探析之二[J]. 贵州民族研究，1992（02）：163-167.

[47] 岑晓倩，甄映红，彭开起，等. 黔东南州苗族民居功能布局研究[J]. 凯里学院学报，2015，33（6）：122-124.

[48] 刘贺玮. 黔东南西江镇传统苗族吊脚楼形式的当代变迁[J]. 装饰，2016（06）：79-81.

[49] 陈波，黄勇，余压芳. 贵州黔东南苗族吊脚楼营造技术与习俗[J]. 贵州科学，2011，29（5）：57-60.

[50] 李光涵. 贵州大利侗寨的"保护"——以鼓楼和风雨桥为例[J]. 建筑学报，2016（12）：16-21.

[51] 金潇骁. 两种山地建筑的生态适应性研究——以福建客家土楼和贵州苗族吊脚楼为例[J]. 贵州社会科学, 2012, 365（1）: 96-103.

[52] 王贵生. 黔东南苗族、侗族"干栏"式民居建筑差异溯[J]. 贵州民族研究, 2009, 29（3）: 78-81.

[53] 周振伦. 黔东南山区聚落与建筑文化初探[J]. 贵州民族研究, 2009, 29（4）: 66-69.

[54] 杨昌鸣. 寨桩·集会所·鼓楼——侗族鼓楼发生发展过程之我见[J]. 贵州民族研究, 1992,（3）: 73-79.

[55] 杜倩萍. 侗寨鼓楼建筑特色及文化内涵[J]. 中央民族大学学报, 1996（1）: 62-66.

[56] 卢百可. 作为侗族民族符号的鼓楼及其标准化的探讨[J]. 西南民族大学学报, 2010（6）: 43-48.

[57] 韦玉姣, 韦立林. 论侗族风雨桥的环境特色[J]. 华中建筑, 2002（3）: 97-99.

[58] 石开忠. 侗族风雨桥成因的人类学探析[J]. 贵州民族学院学报, 2010（4）: 37-40.

[59] 龚敏. 侗族鼓楼建筑艺术的美学认知[J]. 艺术争鸣, 2016（08）: 216-220.

[60] 田定湘. 论侗族鼓楼的艺术价值[J]. 民族论坛, 2005（12）: 44.

[61] 罗永超. 鼓楼: 人类文明"童年时期"数学文化的结晶[J]. 数学通报, 2007, 46（11）: 9-11.

[62] 蔡凌. 侗族鼓楼的建构技术[J]. 华中建筑, 2004, 22（3）: 137-141.

[63] 唐孝祥, 李越. 黔东南苗侗民族传统村落的地域技术特征[J]. 中国名城, 2016（06）: 82-90.

[64] 彭开起, 王展光, 范述怀, 等. 黔东南州苗族与侗族吊脚楼比较研究[J]. 凯里学院学报, 2016, 34（3）: 111-114.

[65] 吴大军, 王展光. 黔东南侗族地区民族建筑套签研究[J]. 凯里学院学报, 2017, 35（6）: 120-124.

[66] 王展光, 蔡萍, 彭开起. 当代黔东南苗族民居平面的改变[J]. 重庆建筑, 2018, 17（3）: 12-14.

附　录

黔东南州传统村落一览表

序号	所在县	所在乡镇	第一批	第二批	第三批	第四批	备注
1	凯里市	凯棠乡				南江村	凯里市第三批传统村落有1个；第四批传统村落有3个。共4个。涉及2个乡镇。
		三棵树镇			平乐村季刀寨	朗利村、南花村	
2	丹寨县	扬武乡	排莫村				丹寨县第一批传统村落有1个；第二批传统村落有4个；第三批传统村落有1个；第四批传统村落有1个；共7个。涉及6个乡镇。
		兴仁镇		麻鸟村	王家寨村		
		排调镇		扬颂村		排佐村	
		长青乡		送陇村			
		雅灰乡					
		南皋乡		石桥村			
3	麻江县	杏山镇		六堡村			麻江县第一批传统村落没有；第二批传统村落有3个；第三批传统村落有3个；共6个。涉及2个乡镇。
		龙山乡		河坝村、复兴村	枫香村、塘都村、望坝村		
4	黄平县	重安镇					黄平县第二批传统村落有5个；第三批传统村落有1个；第四批传统村落有1个。共7个。涉及4个乡镇。
		野洞河镇		新华村			
		谷陇镇		平寨村		岩门司村	
5	施秉县	苗陇乡		苗陇村			施秉县……1个传统村落
		双井镇			龙塘村		

续表

序号	所在县	所在乡镇	第一批	第二批	第三批	第四批	备注
6	镇远县	金堡镇				爱和村	镇远县第二批传统村落有1个;第四批传统村落有1个;共2个。涉及2个乡镇。
7	岑巩县	报京乡		报京村			
		平庄乡		平庄村凯空组			
8	三穗县	良上乡		雅中村			
9	天柱县	高酿镇			地良村		
10	锦屏县	隆里乡	隆里所村				锦屏县第一批传统村落有2个;第二批传统村落没有;第三批传统村落有1个;第四批传统村落有2个;共5个。涉及5个乡镇。
		河口乡	文斗村				
		茅坪镇				茅坪村	
		三江镇				瓮寨村	
		彦洞乡			瑶白村		
11	黎平县	坝寨乡	高场村、坝寨村、青寨村、蝉寨村、高兴村	高酉村、器寨村			黎平县第一批传统村落有43个;第二批传统村落有42个;第三批传统村落有5个;第四批传统村落有3个;共93个。涉及20个乡镇。
		大稼乡	邓蒙村	高孖村			
		德顺乡	平甫村		岑桃村		
		地坪乡	岑扣村、高青村、滚大村	新丰村、下寨村			
11	黎平县	洪州镇	归欧村、九江村、平架村、三团村				黎平县第一批传统村落有43个;第二批传统村落有42个;第三批传统村落有5个;第四批传统村落有3个;共93个。涉及20个乡镇。
		九潮镇	高黄村、贡寨村、岑洞村	高维村、定八村、大溶村新寨、顺寨村			
		雷洞瑶族水族乡	金坳村	岑管村、牙双村			

续表

序号	所在县	所在乡镇	第一批	第二批	第三批	第四批	备注
11	黎平县	茅贡镇	蚕洞村、冲寨、登岑村、地扪村、高近村、流芳村、寨头村	额洞村、寨南村、己炎村汉寨		腊洞村	黎平县第一批传统村落有42个；第二批传统村落有43个；第三批传统村落有5个；第四批传统村落有3个；共93个。涉及20个乡镇。
		孟彦镇	芒岭村	罗溪村、岑湖村			
		尚重镇	高冷村、纪登村、育洞村、绍洞村、朱冠村	岑门村、顿路村、归德村、旧洞村、上洋村、下洋村、绞洞村、洋卫村、西迷村、宰蒙村			
		双江乡	黄岗村	四寨村、寨高村			
		岩洞镇	述洞村、岩洞村、宰拱村、竹坪村	大寨村、小寨村			
		永从乡	豆洞村	九龙村、中罗村			
		肇兴镇	肇兴中寨村、纪堂村、纪堂上寨村、堂安村、肇兴村	肇兴上寨村、厦格村、厦格上寨村			
		水口镇		东郎村、花柳村、南江村、茨洞村、宰洋村直寨	平善村		
		口江乡		银朝村		朝坪村	
		龙额乡		上地坪村			
		顺化瑶族乡		纪德村			
		平寨乡		高洋村、下洋村			
		德化乡			俾翁村	高孖村	

序号	所在县	所在乡镇	第一批	第二批	第三批	第四批	备注
12	从江县	往洞镇	增冲村、则里村	朝利村、增盈村		高传村、信地村、秋里村	从江县第一批传统村落5个；第二批传统村落17个；第三批传统村落10个；第四批传统村落有12个；共44个。第一批传统村落涉及19个乡镇。
		丙妹镇	邑沙村			大塘村	
		谷坪乡	银潭村	高吊村		留架村	
		宰便镇		引东村			
		西山镇		田底村	顶洞村		
		停洞镇		架里村			
		高增乡		邑扒村	小黄村、占里村	美德村	
		贯洞镇				滚合滚村	
		庆云镇		归林村	单阳村	转珠村	
		雍里乡					
		刚边壮族乡		刚边村、银平村	三联村		
		加榜乡		加车村、下尧村	党扭村		
		翠里瑶族壮族乡		高华村	岑丰村		
12	从江县	斗里镇		孔明村	苗谷村	马安村	从江县第一批传统村落5个；第二批传统村落17个；第三批传统村落10个；第四批传统村落有12个；共44个。第一批传统村落涉及19个乡镇。
		东朗镇		加翁村		党相村	
		加鸠镇		加牙村		加学村	
		光辉乡					
		洛香镇		高良村		登岜村	
		下江镇	高仟村		巨洞村、中华村		

续表

序号	所在县	所在乡镇	第一批	第二批	第三批	第四批	备注
13	榕江县	寨蒿镇		票寨村侗寨		晚寨村、乌公村	榕江县第一批传统村落有4个；第二批传统村落有4个；第三批传统村落没有；第四批传统村落有7个；共16个；涉及10个乡镇。
		栽麻乡	大利村、宰荡村	苗兰村侗寨		归柳村	
		三江乡		脚车村苗寨			
		平江乡	滚仲村				
		兴华乡	八蒙村、摆贝村				
		平阳乡				丹江村	
		计划镇				加宜村	
		朗洞镇				卡寨村	
		忠诚镇				定弄村	
		塔石乡		怎东村瑶寨			
14	雷山县	郎德镇	上朗德村、下郎德村、南猛村	杨柳村、乌流村、也改村、报德村、也利村			雷山县第一批传统村落有46个；第二批传统村落有7个；第三批传统村落有1个；第四批传统村落有4个；共58个；涉及9个乡镇。
		西江镇	控拜村	长乌村、中寨村、黄里村、麻料村、开觉村、龙塘村、乌尧村、北建村			
		丹江镇		乌东村、虎阳村、教厂村、脚猛村、干皎村、猫猫河村	大龙苗寨、乌高村		
		永乐镇		加乌村、开屯村、乔洛村、乔歪村、肖家村			
		望丰乡		乌送村、三角田村、的则村、乌响村、排肖村		羊卡村	
		大塘乡		新桥村、掌坳村、独南村	桥港村		

续表

序号	所在县	所在乡镇	第一批	第二批	第三批	第四批	备注
14	雷山县	桃江乡		乔王村、岩寨村、掌雷村、龙河村			雷山县第一批传统村落有4个；第二批传统村落有46个；第三批传统村落有7个；第四批传统村落有1个；共58个。涉及9个乡镇。
		达地水族乡		也蒙苗寨	马路苗寨、乌流村、同鸟水寨		
		方祥乡		陡寨村、毛坪村、格头村、提香村、雀鸟村	平祥村、水寨村		
		合拱镇		展福村、板凳村、南酋村、南冬村、排朗村、桃香村、登鲁村、交片村、展下村			
15	台江县	施洞镇		小河村、旧州村、八梗村、黄泡村			台江县第一批传统村落有29个；第二批传统村落有7个；第三批传统村落有1个，共37个，涉及8个乡镇。
		南宫乡		交包村、交下村、交密村、展忙村	石灰河村		
		排羊乡		九摆村、上南刀村	大塘村		
		台拱镇		德卷村、南瓷村	空寨村、南瓦村		
		革一乡		北方村、排生村、西南村	江边村、茅坪村		
		老屯乡		长滩村	白土村		
		方召镇	翁座村	反排村、巫脚交村、巫梭村、交汪村	高定村	方召村	
16	剑河县	南哨乡		巫沙村、反召村			剑河县第一批传统村落有1个；第二批传统村落有15个；第三批传统村落有12个；第四批传统村落有1个；共29个。涉及12个乡镇。
		南加镇		塘边村	九旁村、柳基村		
		南明镇			小湳村		
		柳川镇		巫泥村	返排村、巫库村		
		革东镇		八郎村	大皆道村		

序号	所在县	所在乡镇	第一批	第二批	第三批	第四批	备注
16	剑河县	久仰镇		基佑村、久吉村	毕下村、巫支村	巫溜村	剑河县第一批传统村落有1个；第二批传统村落有15个；第三批传统村落有12个；第四批传统村落有1个；共29个。涉及12个乡镇。
		大拥镇		大坪村、九连村			
		南寨乡		展留村、柳富村			
		磻溪镇		洞脚村、大广村			
		敏洞乡		沟洞村	高坵村		
		观么乡		巫包村	平下村		
		岑松镇			稿旁村		
合计		103	60	165	51	33	共309个

第一批、第二批、第三批、第四批总共309个，占全省545个的56.7%，占全国4153个7.44%。共涉及全州103个乡镇。